Mohd Shahnawaz
Avinash B Ade
Pranjal S Kothari

Potencial alelopático de Tridax procumbens L.: uma abordagem ambiental

AF293844

Mohd Shahnawaz
Avinash B Ade
Pranjal S Kothari

Potencial alelopático de Tridax procumbens L.: uma abordagem ambiental

ScienciaScripts

Imprint

Any brand names and product names mentioned in this book are subject to trademark, brand or patent protection and are trademarks or registered trademarks of their respective holders. The use of brand names, product names, common names, trade names, product descriptions etc. even without a particular marking in this work is in no way to be construed to mean that such names may be regarded as unrestricted in respect of trademark and brand protection legislation and could thus be used by anyone.

Cover image: www.ingimage.com

This book is a translation from the original published under ISBN 978-3-659-84722-6.

Publisher:
Sciencia Scripts
is a trademark of
Dodo Books Indian Ocean Ltd. and OmniScriptum S.R.L publishing group

120 High Road, East Finchley, London, N2 9ED, United Kingdom
Str. Armeneasca 28/1, office 1, Chisinau MD-2012, Republic of Moldova, Europe
Printed at: see last page
ISBN: 978-620-7-79172-9

Copyright © Mohd Shahnawaz, Avinash B Ade, Pranjal S Kothari
Copyright © 2024 Dodo Books Indian Ocean Ltd. and OmniScriptum S.R.L publishing group

Índice:

Potencial alelopático de *Tridaxprocumbens* L.: uma abordagem ambiental

Kothari S. Pranjal, Mohd. Shahnawaz, Avinash B. Ade

Dedicated to:

My Loving Mãe
(Mrs. Pramila S. Kothari)

e My Better Half
(Mr. Kushal S. Chhajed)

Afiliação do autor

Kothari S. Pranjal[1] , Mohd. Shahnawaz*[1,2] , Avinash B. Ade[1]

department ofBotany, Savitribai Phule Pune University, Pune-411007, Maharashtra, India.

[2] Endereço atual, Plant Biotechnology Division, CSIR-Indian Institute of Integrative Medicine, Canal Road Jammu, Jammu-180001, Jammu and Kashmir, Índia

Autor correspondente:

Telefone: +91-020-25601439. Fax: +91-020-25690498.

Correio eletrónico: mskhakii@unipune.ac.in

Sobre os autores:

Pranjal S. Kothari(M . Sc.)

Pranjal S. Kothari nasceu em 1993 em Shirur Taluka, distrito de Pune, no estado de Maharashtra. Fez os seus estudos básicos em Shirur. Ela era uma aluna muito brilhante desde a infância. Em 2014, concluiu o seu bacharelato com distinção no Chandmal Tarachand Bora College, Shirur, Pune (afiliado à Savitribai Phule Pune University, Pune) em Botânica. Concluiu com êxito o curso MS-CIT. Depois de concluir a licenciatura, qualificou-se para o concurso de mestrado da Universidade de Pune e concluiu o mestrado em 2016 com a classificação B. Durante a sua dissertação de mestrado, trabalhou no efeito alelopático de *Tridex procumbens* sob a orientação e orientação alargada do Dr. (Prof.) A. B. Ade e do Dr. Mohd. Shahnawaz no Departamento de Botânica, SP Universidade de Pune, Pune. Ela também é uma tutora bem conhecida e está a trabalhar nas aulas de Daksh Coaching em Shirur, desde o seu mestrado. Atualmente, trabalha como professora de Ciências na RaoShaheb Dada Pawar English Medium Escola, Shirur.

Dr. Mohd. Shahnawaz(M . Sc., M. Phil., Ph. D.)

O Dr. Mohd. Shahnawaz (Khakii) nasceu em 1983 numa aldeia remota de Kejayee (Affani) Padder, no distrito de Kishtwar, no Estado de Jammu e Caxemira. Concluiu o ensino primário no distrito de Kishtwar. Concluiu o bacharelato em ciências no Govt. Degree College Kishtwar, Universidade de Jammu, Jammu, em 2005. Mudou-se para Bhopal e fez o mestrado em botânica em 2007 no Shah-Shib College of Science and Management, Bhopal (afiliado à Barkatullah University Bhopal, Índia). Em 2006, teve a oportunidade de trabalhar sob a supervisão do Dr. Surrinder K. Lattoo no Instituto Indiano de Medicina Integrada, Canal Road Jammu, Jammu (que passou a ser RRL, Jammu). Sob a orientação do Dr. Altafhussain B. Nadaf, completou o seu Mestrado em Botânica em 2010 com a classificação "A" no Departamento de Botânica da Universidade de Pune, Pune, Índia. Para os seus estudos de doutoramento, trabalhou sob a

orientação do Prof. Avinash B. Ade, na mesma instituição. Trabalhou na bioremediação de polietileno utilizando rizobactérias. Foi-lhe atribuída uma bolsa de investigação e uma bolsa de mérito UGC,
UGC-Maulana Azad National Fellowship for Minoritiesdurante o seu mestrado e doutoramento pela Universidade de Pune e
pela University Grants Commission, Índia, de tempos a tempos. Em abril de 2016, concluiu com êxito o seu doutoramento. Após o doutoramento, trabalhou como professor contratado de botânica no Govt. Degree College Kishtwar, Kishtwar. Atualmente, trabalha como bolseiro de pós-doutoramento DST-SERB-National na Divisão de Biotecnologia Vegetal, CSIR-IIIM Jammu, sob a orientação do Dr. Sumit G. Gandhi, Cientista Sénior. Apresentou o seu trabalho em várias conferências nacionais e internacionais em diferentes partes do país
e tem também vários artigos de investigação a seu crédito, publicados em revistas de renome. É também coautor de um livro baseado na sua dissertação de mestrado.

Prof. (Dr.) Avinash B. Ade(M . Sc ., Ph.D.)

O Dr. Avinash B. Ade nasceu em 1973 em Maregaon, distrito de Yavatmal, em Maharashtra (Índia). Completou a sua matrícula na sua terra natal. Concluiu a licenciatura e a pós-graduação na Universidade de Amravati. Ficou em primeiro lugar na ordem de mérito na pós-graduação e obteve a medalha de ouro. Obteve os diplomas SET e NET em 1997 e 1999. Ingressou como Professor Assistente na Universidade Dr. Babasaheb Ambedkar Marathwada em 1997. Concluiu o doutoramento durante o seu mandato como professor assistente em 2004, sob a orientação do Prof. L.V. Gangawane, o famoso microbiologista do solo e fitopatologista do seu tempo. Trabalhou como professor associado na mesma universidade
de 2005 a 2009. Em março de 2009, foi selecionado como Professor na Universidade Savitribai Phule Pune no Departamento de Botânica. Orientou 8 estudantes de doutoramento e 6 estudantes de mestrado. Atualmente, 8 estudantes estão a fazer os seus estudos de doutoramento e dois estão a fazer o mestrado. Orientou 29 estudantes de mestrado para a sua dissertação de mestrado. Tem 70 trabalhos de investigação de renome nacional e internacional a seu crédito. É também autor de livros publicados por editoras nacionais e internacionais. A sua principal área de interesse de investigação é a bioremediação e as interacções planta-micróbio. Interessa-se também por citogenética, cultura de tecidos vegetais, biotecnologia vegetal e alelopatia.

Reconhecimento

O presente livro é o resultado da minha dissertação de mestrado. Agradeço muito ao meu orientador principal, Dr. A. B. Ade, Professor, Departamento de Botânica, Universidade Savitribai Phule Pune, Pune-411007, pelo seu encorajamento e orientação ao longo de todo o processo do projeto, especialmente pela sua infinita paciência, bondade e apoio intelectual. Tenho o prazer de expressar o meu profundo sentimento de gratidão pela sua compreensão, tratamento liberal e por me ter dado liberdade para escolher o projeto de eleição.

Estou grato à Dra. Sujata Bhargava, antiga directora do Departamento de Botânica da Universidade Savitribai Phule Pune, Pune-411007, por ter disponibilizado as instalações necessárias no departamento durante a realização deste trabalho de dissertação.

Agradecimentos especiais são expressos a todos os membros do corpo docente do departamento pela sua ajuda direta ou indireta e assistência técnica para completar o trabalho de dissertação.

Estou também em dívida para com o Dr. Mohd. Shahnawaz e a Dra. Manisha K. Sangale pela sua orientação alargada. Não mencionei o nome da Dra. Manisha K. Sangale como coautora do meu livro atual por razões técnicas, uma vez que o editor não permitiu três co-autores. Por isso, vale a pena mencionar o seu nome aqui para agradecer a sua revisão por pares, o seu apoio técnico e o seu encorajamento para publicar a minha dissertação sob a forma de livro numa editora internacional, LAP, Alemanha.

Tenho de agradecer a todos os investigadores do laboratório de Ade sir pela sua ajuda e apoio durante este trabalho de projeto.

Agradeço também ao pessoal não docente pela sua amável ajuda no meu trabalho de projeto.

Por último, mas não menos importante, gostaria de agradecer aos meus pais e familiares pelo seu incentivo, apoio ético e financeiro.

(Pranjal S. Kothari)

Capítulo 1
Introdução
1.1 Alelopatia:

Theophrastus relatou que o grão-de-bico tinha potencial para destruir ervas daninhas por volta de 300 a.C. (Hort 1916). Mais tarde, os seus alunos continuaram a estudar estas linhas. Mais tarde, surgiu um novo ramo nas ciências da vida, a alelopatia. O termo alelopatia foi cunhado por Hans-Molisch em 1937 (Aliotta et al. 2006). O termo alelopatia deriva de duas palavras gregas: "allelon" significa "mútuo" e "pathos" significa "dano ou afeto" (Aliotta et al. 2006). Muitas pessoas tentaram elaborar o conceito de alelopatia e, de acordo com Rice (Rice 1985), a alelopatia é uma interação natural entre plantas (também inclui micróbios, uma vez que, no passado, os micróbios também faziam parte do reino vegetal), que inclui o efeito direto ou indireto de uma planta sobre a outra devido à libertação de aleloquímicos.

O mundo inteiro está a enfrentar uma crise alimentar devido ao excesso de população, à diminuição das terras, à destruição da fertilidade dos solos e à poluição do ambiente. A Índia é o segundo maior país do mundo em termos de população ([nd]). A alteração do cenário ambiental, incluindo o aquecimento global, os níveis elevados de CO_2 e a destruição do ozono, conduz à redução da produtividade dos sistemas agrícolas e desequilibra os ecossistemas (Last 1993). Para resolver este problema, o sistema agrícola precisa de ultrapassar problemas como a escassez de alimentos, forragens, combustível, fibras, etc. Para este efeito, é necessário um estudo pormenorizado sobre a alelopatia para identificar as possíveis espécies invasoras que prejudicam o produto das culturas. Para além disso, é necessário identificar outras plantas com potencial alelopático para as ervas daninhas, de modo a que essas plantas possam ser utilizadas para restringir o crescimento dessas ervas daninhas e, por sua vez, o rendimento das culturas seja aumentado, terra. Azania (Azania et al. 2003) e Mukerji (Mukerji 2006) destacaram os aspectos futuros da alelopatia no que respeita à melhor solução alternativa desde que Hans-Molisch cunhou o termo "alelopatia" em 1937 (Willis 2007).

Muitos produtos aleloquímicos são altamente solúveis em água. Sabe-se muito pouco sobre o modo de ação e o mecanismo de resistência a alegados aleloquímicos. Os aleloquímicos são um subconjunto de metabolitos secundários (Stamp 2003), que não são necessários para o metabolismo (ou seja, crescimento, desenvolvimento e reprodução) do organismo alelopático. Os aleloquímicos têm impactos positivos e negativos, sendo o impacto negativo considerado um componente importante do sistema de defesa das plantas para fazer face ao stress da herbivoria (Fraenkel 1959); (Stamp 2003). No cenário atual, é necessário identificar essas plantas com potencial alelopático para obter um método alternativo e amigo do ambiente de gestão de infestantes.

1.2 Mecanismo de alelopatia:

Compreender o mecanismo de ação (MeA) dos aleloquímicos para explorar o seu papel na ecologia e considerar estes produtos químicos como pistas para a descoberta de herbicidas. Vários herbicidas, pertencentes a diferentes grupos de produtos químicos, estão disponíveis no mercado a nível comercial e têm um MeA noval (Duke 2012);

(Dayan et al. 2012).

Os principais mecanismos de ação dos herbicidas são dos seguintes tipos: (a) inibição do transporte de eletrões do fotossistema II; (b) interrupção da respiração e da síntese de adenosina trifosfato; (c) mediação por espécies reativas de oxigénio (ROS); (d) mecanismos alternativos, principalmente a ação sobre a síntese de aminoácidos e reguladores de crescimento vegetal (auxinas e giberelinas); (e) efeitos alelopáticos indiretos (Weir et al. 2004); (f) inibição do fotossistema I; (g) inibição da polimerização da tubulina; e (g) ação sobre a RNA polimerase (Duke 2012) entre outros.

1.3 Interação alelopática entre plantas:

Nas plantas superiores, a interação alelopática depende diretamente do potencial das plantas para sintetizar e segregar os metabolitos secundários (aleloquímicos) para iniciar várias reacções químicas que são responsáveis por várias alterações biológicas (Nath et al. 2016). Estes aleloquímicos podem estar presentes em qualquer parte da planta (por exemplo, flores, frutos, folhas, pólenes ou caules, rizomas, raízes, sementes) e no solo circundante. Existem várias formas através das quais estes aleloquímicos são libertados para o ambiente, por exemplo, exsudação, lixiviação, volatilização e decomposição (material vegetal) (Rice 1984). Os aleloquímicos libertados representam uma ameaça grave para os parâmetros fisiológicos da planta suprimida, por exemplo, inibição da germinação de sementes, inibição do crescimento de sistemas de raiz/parte aérea, dificultando o potencial de absorção de nutrientes da planta ou, devido à invasão do simbionte, leva à perda da valiosa fonte de um nutriente da planta (Nath et al. 2016).

Na natureza, muitas espécies de plantas crescem juntas e interagem umas com as outras, inibindo ou estimulando o crescimento e o desenvolvimento através de interacções alelopáticas e tais ecossistemas são considerados como zonas de inibição (Nilson & Orcutt 2002). O ecossistema infestado por ervas daninhas dominantes apresenta alterações drásticas na sua estrutura e função.

As espécies infestantes fazem parte de ecossistemas dinâmicos, têm origem no ambiente natural e tornam-se um obstáculo para as culturas (Aldrich 1984). As espécies infestantes possuem várias características diagnósticas importantes, tais como um curto período de dormência das sementes, uma elevada taxa de germinação das sementes, um rápido crescimento das plântulas, uma elevada capacidade reprodutiva, um ciclo de vida curto, uma plasticidade ambiental muito elevada, auto-incompatibilidade, métodos eficazes e eficientes de dispersão dos propágulos, produção de diferentes tipos de novos produtos ecoquímicos ou aleloquímicos e tolerância a tensões bióticas e abióticas (Baker 1965), o que lhes permite crescer e sobreviver em condições ambientais e habitats variáveis.

A alelopatia divide-se em dois tipos com base nas suas interacções, como a alelopatia positiva e a negativa. Wojcik-Wojtkowiak et al. (Wojcik-Wojtkowiak et al. 1990) referiram que os resíduos de plantas de perfilhamento e os resíduos de culturas de centeio contêm quantidades muito menores de compostos alelopáticos (vários ácidos fenólicos) do que as plântulas. De acordo com o relatório (Schenk & Werner 1991), várias leguminosas, como ervilhas, lentilhas e ervilhacas, contêm um aleloquímico essencial, ou seja, Beta-(3-isoxazolinonil) alanina, contido na raiz e libertado no solo sob a forma de exsudado radicular. Este produto químico pode provocar uma redução do crescimento das plântulas de várias gramíneas e da alface. Munir e Tawah (Munir & Tawaha 2002) registaram o efeito alelopático da mostarda preta *(Brassica nigra)* no crescimento de lentilhas.

Nos campos agrícolas, um dos piores problemas é a invasão biológica de ervas daninhas, que leva à perda de culturas. De acordo com relatórios, a perda total de culturas agrícolas em todo o mundo devido a infestantes é de cerca de 10% (Altieri & Doll 1978). Nos agrossistemas, cada espécie de planta exerce uma influência alelopática sobre outras culturas, afectando assim a sua taxa de germinação e outros parâmetros fisiológicos (Kohli et al. 1993). Após a identificação das plantas desejadas com potencial para suprimir o crescimento de outras plantas que são consideradas infestantes, a alelopatia pode ser utilizada para suprimir o crescimento das infestantes e aumentar o rendimento das culturas. Nos agro-ecossistemas, as infestantes têm, na sua maioria, potencial alelopático (Rice 1984). Putnam e Duke (Putnam & Duke 1974) recolheram 538 acessos de plantas de pepino cultivadas e silvestres em todo o mundo e registaram a inibição do crescimento de *Brassica hirta* e *Panicum miliaceum* e o potencial alelopático recorde de *Cucumber sativus* L. (Putnam & Duke 1974). Foram também identificadas várias outras plantas alelopáticas, por exemplo, *Avena* sp. (Fay & Duke 1977) e *Oryza sativa* L. (Dilday et al. 1998); (Olofsdotter et al. 1999).

1.4 Plantas alelopáticas de Asteraceae:

Holm et al (Holm et al. 1977) referiram *O. latifolia* como uma das principais infestantes entre 30 culturas que crescem em cerca de 37 países diferentes do mundo. Entre as 200 plantas infestantes mais graves, 68% das infestantes são provenientes de apenas 12 famílias do reino vegetal (Holm 1978).

O efeito alelopático de algumas ervas daninhas pertencentes à família Asteraceae foi estudado em pormenor, nomeadamente as espécies *Artemisia, Cirsium* e *Xanthium.* Einhellig (Einhellig 1986) estudou o mecanismo de alelopatia utilizando o extrato aquoso da planta de alfafa em algumas culturas, bem como na alfafa, e referiu que os aleloquímicos também possuem potencial autotóxico. Inam et *al.* (Inam et al. 1987) estudaram o efeito alelopático de extractos aquosos de *Xanthium strumarium* em várias culturas e registaram uma redução na percentagem de germinação e na taxa de crescimento de *Brassica compestris, Lactuca sativa* e *Pennisetum americanum.* O efeito do extrato de Lanata em algumas culturas agronómicas e ervas daninhas foi documentado no passado (Mersie & Singh 1987a). Kil e Yun (Kil & Yun 1992) sugeriram que o extrato aquoso de partes de plantas maduras de *Artemisia princeps* var. *orientalis* causou uma inibição significativa da germinação e diminuiu o alongamento das plântulas. *A Parthenium hysterophours* é fortemente alelopática para o trigo (Chon 2004). Os destaques de alguns dos estudos importantes sobre a interação alelopática entre

diferentes plantas e ervas daninhas foram resumidas na Tabela 1.1

Quadro. 1.1 Destaques de alguns estudos alelopáticos

Sr. Não.	Título	Referência

1	Efeitos alelopáticos do lixiviado de folhas de *Mangifera indica* L. nos parâmetros de crescimento inicial de algumas culturas alimentares de jardim doméstico	(Sahoo et al. 2010)
2	Efeito alelopático da mostarda preta (*Brassica nigra* L.) na germinação e crescimento da aveia selvagem (*Avena fatua* L.).	(Turk & Tawaha 2003)
3	Efeito alelopático de diferentes concentrações do extrato aquoso da folha de *Prosopsis juliflora* na germinação de sementes e no comprimento da radícula do trigo (*Triticum aestivum* Var-Lok-1)	(Siddiqui et al. 2009)
4	Efeito alelopático do gengibre na germinação de sementes e no crescimento de plântulas de soja e cebolinho	(Han et al. 2008)
5	Efeito alelopático de ácidos hidroxâmicos de cereais *em Avena sativa* e *A. fatua*	(Perez 1990)
6	Efeito alelopático do extrato e do resíduo de Parthenium (*Parthenium hysterophorus* L.) em algumas culturas agronómicas e infestantes	(Mersie & Singh 1987b)
7	Efeito alelopático de *Prymnesium parvum* numa comunidade natural de plâncton	(Fistarol et al. 2003)

8	Efeitos alelopáticos da batata-doce (*Ipomoea batatas)* sobre a ouriça-amarela (*Cyperus esculentus*) e a luzerna (*Medicago sativa*)	(Harrison & Peterson 1986)
9	Potencial alelopático em plantas de alface (*Lactuca sativa* L.)	(Chon et al. 2005)
10	Potencial alelopático em germoplasma de arroz (*Oryza sativa* L.)	(Olofsdotter etal. 1995)
11	Potencial alelopático dos glucosinolatos (glicosídeos do óleo de mostarda) e dos seus produtos de degradação contra o trigo	(Bialy et al. 1990)
12	Potencial alelopático de resíduos de leguminosas e extractos aquosos	(White et al. 1989)
13	Potencial alelopático da casca de arroz na germinação e crescimento de plântulas de erva-dos-prados	(Ahn& Chung 2000)
14	Potencial alelopático da palha de trigo (*Triticum aestivum*) sobre espécies de infestantes seleccionadas	(Steinsiek et al. 1982)

15	Avaliação do potencial alelopático do germoplasma de *Avena*	(Fay & Duke 1977)
16	Avaliação do potencial alelopático deEucalyptus	(May & Ash 1990)
17	Avaliação do potencial alelopático da erva-dos-prados (*Echinochloa crus-galli*) em cultivares de arroz (*Oryza sativa* L.)	(Chung et al. 2001)
18	Avaliação do potencial alelopático das raízes de *Parthenium hysterophorus* L. em algumas culturas seleccionadas.	(Mawal et al. 2015)
19	Efeito dos extractos das folhas e da casca do caule do cajueiro na germinação do milho	(Nwokeocha & Ezumah 2014)
20	Rastreio laboratorial do potencial alelopático de acessos de trigo (*Triticum aestivum*) contra o azevém anual (*Lolium rigidum*).	(Wu et al. 2000)
21	Exsudados radiculares de aveia selvagem: efeito alelopático no trigo de primavera	(Perez 1990)

22	O efeito alelopático da sebe amarela (*Cyperus esculentus*) no milho (Zea *mays*)	(Drost & Boneca 1980)
	e soja (*Glycine max*)	
23	Potencial de controlo biológico de infestantes de arroz com alelopatia: Efeito alelopático de algumas variedades de arroz	(Fujii 1992)
24	Variação do efeito alelopático do arroz com extractos solúveis em água	(Ebana et al. 2001)

1.5 Aplicações da alelopatia:

Vários aspectos da ecologia vegetal são altamente afectados pelas interacções alelopáticas, como a ocorrência, a sucessão vegetal e a estrutura das comunidades vegetais, a dominância, a diversidade e a produtividade das plantas (Ferguson & Rathinasabapathi 2003).

Existem vários factores (edáficos e extrínsecos), tais como o stress (fisiológico e ambiental), herbicidas, níveis de nutrientes inferiores aos ideais, níveis de humidade, pragas e doenças, radiação solar, que são relatados como afectando a supressão da erva daninha (Nayek 2014a). A inibição da alelopatia envolve diferentes classes de produtos químicos, como compostos fenólicos, alcalóides, flavonóides, terpenóides, esteróides, hidratos de carbono, aminoácidos, etc. (Einhellig 1995). O desenvolvimento da gestão de infestantes com recurso a plantas de cultivo alelopáticas está a receber atenção nacional e internacional (Weston 1996)

As plantas que libertam produtos aleloquímicos são designadas por espécies dadoras, enquanto as que são influenciadas no seu crescimento são designadas por espécies-alvo. A alelopatia inclui a interação química planta-planta e planta-solo-planta. Os seus efeitos podem ser estimulantes ou inibitórios, dependendo da espécie-alvo. Através da produção de aleloquímicos, a alelopatia oferece potencial para a decomposição bioregional de materiais vegetais. Aceita significativamente os factores ecológicos em termos de comunidades vegetais e da sua estrutura. As ervas daninhas têm uma atividade alelopática superior à das outras culturas na sua competição. Desempenha

um papel importante na gestão agrícola, como o controlo de ervas daninhas e pragas. medida que a concentração de aleloquímicos aumenta, observa-se uma redução do crescimento das plantas ao nível do limiar máximo. As substâncias alelopáticas podem reduzir a utilização de herbicidas e a taxa de deterioração das culturas (Maharjan et al. 2007).

1.6 *Tridaxprocumbens* Linn:

Tridax procumbens Linn é um membro da família Asteraceae (Jude et al. 2009) e está presente em toda a Índia. Em hindi é vulgarmente conhecido como "Ghamara" enquanto em inglês é popularmente conhecido como 'coat buttons' e é utilizado por praticantes de Ayurveda desde tempos antigos para o crescimento do cabelo (Pandey & Tripathi 2014). De acordo com Holm (Holm 1997), o nome *Tridax* refere-se aos três lóbulos do florete (flor), enquanto *procumbens* se refere a prostrado no chão. A planta é nativa da América tropical e naturalizada na África tropical, Ásia e Austrália. A *T. procumbens* distribuiu-se na América Central e mais tarde espalhou-se por todo o globo.

T. *procumbens* é uma erva perene; os ramos são de base rasteira, com 20-75 cm de comprimento. O caule é cilíndrico, com pubescência branca. As folhas são opostas, herbáceas, ovadas com nervura central proeminente. O pecíolo é côncavo, longo e peludo. A cabeça da flor é terminal, com pedúnculos longos e brácteas exteriores mais pequenas e verdes, enquanto as interiores são membranosas. O recetáculo é convexo e sub persistente. As flores dos raios são femininas com uma corola longa com um limbo amarelo-esverdeado. A corola tem 3-4 lóbulos. O ovário é longo. As flores do disco são densas, erectas e as interiores são as mais longas. A corola das flores do disco tem 6-7,5 mm de comprimento e 5 lóbulos. O ovário tem longos pêlos brancos. As anteras são cuneadas e o estilete é longo. Os aquénios são angulares, longos e com cerdas desiguais. Os hipocótilos são longos (Anónimo 2017). Os dois cotilédones são glandulares (Soerjani et al. 1987). *T. procumbens* forma raízes axiais delgadas e onduladas com muitos ramos laterais (Holm 1997).

De acordo com Bentham e Hooker (Bentham & Hooker 1876), *Tridex procumbens* é classificado da seguinte forma

Domínio: Eukaryota

   Reino: Plantae

      Filo: Spermatophyta

         Subfilo: Angiospermae

            Classe: Dicotyledonae

            Ordem: Asterales

            Família: Asteraceae

            Género: *Tridax*

                Espécie: *procumbens* Linn.

Uma única planta *de Tridax* produz 500-2500 sementes. O pappus é muito pequeno em comparação com o peso da semente e não pode ajudar na dispersão da semente (Anónimo 2017). As sementes germinam quando semeadas até 4 cm de profundidade no solo. As sementes são armazenadas no solo durante dois anos. A percentagem de germinação é óptima em sementes frescas a 30°C e a um pH do solo de 6 a 8 (Vanijajiva 2014). O peso seco e o índice de área foliar são reduzidos devido às sombras (Anónimo 2017).

As folhas do *Tridex procumbens* são cozinhadas e consumidas como legumes devido ao seu rico conteúdo nutricional. A análise fitoquímica indicou que contém vários grupos de metabolitos secundários, como flavonóides, derivados do ácido benzoico, carotenóides, fitoesteróis, hidroxicinamatos e taninos (Ikewuchi et al. 2015). Com base nestes fitoquímicos, possui várias propriedades medicinais, que incluem, analgésico (Prabhu et al. 2011), anti-anémico (Ikewuchi & Ikewuchi 2013), anti-artrítico (Petchi et al. 2013), anti-diabético (Bhagwat et al. 2008); (Ikewuchi 2012a); (Pareek et al. 2009), anti-hipertensivo (Ikewuchi et al. 2011a); (Salahdeen et al. 2004), anti-inflamatório, antioxidante (Ravikumar et al. 2005), antimicrobiano (Yoga Jr et al. 2009), antipirético (Narayan et al. 2011), hepatoprotector (Ikewuchi 2012b), hipocolesterolémico e redutor de peso (Ikewuchi et al. 2011b). Para além das propriedades acima mencionadas, também é utilizado no tratamento de várias outras doenças humanas.

Holm *et al.* (Holm 1997) referiram a *T. procumbens* como uma planta infestante. A maioria das culturas tem o potencial de ser infestada por *T. procumbens* quando cultivada dentro da sua área de habitat.

A T. procumbens é o hospedeiro do vírus do mosaico e foi comunicada por Singh e Verma no ano de 1979 (Anónimo 2017). É relatado como hospedeiro de várias pragas de culturas, incluindo nemátodos de nó de raiz na Índia, um inseto (*Phalanta phalantha*) que desfolha árvores de álamo na Nigéria, ácaro vermelho (*Tetranychus telarius*) na Índia, *Macrophomina phaseolina* na Índia, umbravírus de mancha amarela de girassol no Quénia e *Aphis citricola*, um vetor de citros, *Cistreza closterovirus* na Índia *T. procumbens* é um hospedeiro alternativo das ervas daninhas parasitas na Índia (Anónimo 2017)

1.7 Necessidade do presente estudo:

Embora a *Tridax procumbens* seja uma importante planta daninha medicinal, devido a várias aplicações medicinais, o seu potencial alelopático contra outras ervas daninhas e plantas cultivadas não é tão bem estudado. Por conseguinte, foi necessário efetuar o estudo alelopático desta planta contra as culturas.

1.8 Finalidades e objectivos:

O principal objetivo deste trabalho foi estudar o efeito alelopático de *Tridax procumbens* no desempenho do crescimento de quatro culturas, *Lepidium sativum, Cicer arietinum* L., *Vigna aconitifolia* L. e *Trigonella foenum-graecum* L.

Capítulo 2
Revisão da literatura
2.1 . Alelopatia - Descoberta:

O conceito de fenómeno alelopático tem mais de 2000 anos. Pela primeira vez, Theophrastus (327 a 285 a.C.), um aluno de Aristóteles, relatou o efeito negativo da erva-de-porco na alfafa (Jelenic 1987). Theophrastus contribuiu muito para as experiências pioneiras da Botânica, o que o leva a ser conhecido como o pai da Botânica até aos tempos actuais. Muller (Muller 1966) utilizou a interferência para descrever a interação planta-planta, incluindo a alelopatia e a competição. Antes de 300 a.C., Demócrito observou que as ervas daninhas podem ser controladas utilizando plantas que ocorrem naturalmente. Tinnin e Muller (Tinnin & Muller 1971) descreveram a alelopatia, que é diferente da competição. Whittaker e Fenny (1971) cunharam

"aleloquímicos" e declarou que "os aleloquímicos são agentes químicos de grande importância na adaptação das espécies e na organização das comunidades". Os aleloquímicos incluem álcoois de cadeia linear, aldeídos alifáticos e cetonas, ácidos gordos de cadeia longa, naftoquinonas, terpenóides e esteróides, fenóis simples, ácidos benzóicos e derivados, cumarinas, flavonóides, taninos, alcalóides e ciano-hidrinas, etc. De acordo com Rice (1984), o problema do solo agrícola deve-se aos exsudados das plantas infestantes através das suas raízes. Por muitas razões, torna-se um estudo valioso para uma Estratégia Evolutiva Estável (ESS) para espécies potencialmente doadoras (Maynard-Smith, 1972, 1989). Os aleloquímicos de potencial alelopático têm função na ecologia concomitante às espécies dadoras (Pellissier, 1995; Brierley *et al.*, 2001).

A alelopatia é assim um aspeto evolutivamente significativo (Siemens *et al.*, 2002). A alelopatia em espécies vegetais terrestres interferentes permitiu uma coexistência uniforme (Dubey e Hussain, 2002; Amarasekare, 2002).

2.2 A alelopatia a nível nacional e internacional:

[st]No século XXI, os investigadores da ciência da alelopatia procuram identificar, caraterizar e aplicar produtos aleloquímicos ecológicos a partir de recursos naturais. O principal objetivo é explorar a eficiência de qualquer espécie de planta exótica através de um rastreio fisiológico, bioquímico e citológico ou de estudos cromatográficos avançados. Gallet e Pellisier (1997) compreenderam o papel dos compostos fenólicos em plantas com atividade alelopática, para o estabelecimento de outras espécies de plantas. Os aleloquímicos afectam a planta através da inibição do seu crescimento, bem como dos seus simbiontes microbianos. Os trabalhos efectuados sobre alelopatia desde 1944 até aos dias de hoje são apresentados no Quadro 2.1.

Quadro 2.1 Investigação sobre alelopatia a nível nacional e internacional

Sr. Não.	Título	Plantas-alvo	Planta alelopática	Referência

1.	*Ailanthus altissima* spp invasãoon biodiversidade causada por potencial alelopatia.	*Sinapis alba, Brassica napus*	*Ailanthus altissima* spp	(Ahmad et al. 2014)
2.	Capacidade alelopática de várias plantas aquáticas para inibir o crescimento de *Hydrilla verticillata* *(L.F)*Royle e *Myriophyllum spicatum* L	*Hydrilla verticillata* (L.F) Royle e *Myriophyllu m spicatum* L.	*Najas marina* L.	(Jones 1995)

3.	Atividade alelopática de cianobactérias e microalgas isoladas de habitats de água doce da Florida.	*Chlamydomo nas* spp.	*Fischerella* spp., *Lyngbya* spp.	(Gantar et al. 2008)
4.	Atividade alelopática de extractos de diferentes órgãos de *Caesalpinia* ferreaon germinação de alface	*Zea mays* L., *Vigna unguiculata* Walp., *Cucumis mela* L.	*Caesalpinia ferrea* Mart.	(Oliveira et al. 2012)

| 5. | Avaliação dos efeitos alelopáticos de variedades de trigo com extrato de palha no crescimento do milho. | *Asyatasia gangetica, Pennisetum polstachion* | *Axonopus compressus.* | (Saffari et al. 2010) |
| 6. | Efeito alelopático e distribuição radicular de *Ceratiola ericoides* em sete espécies de rosmaninho | *Erynginum cuneifoliu, Hypericum cumulicola, Liatris ohlingerae, Polygonella basiramia, Paronychia chartacea, Palofoxi feayi, Lecea deckertii.* | *Ceratiola ericoide.* | (Hunter & Menges 2002) |

7.	Efeito alelopático de algumas plantas medicinais e sua potencial utilização como controlo de infestantes.	*Euphorbia* spp., *Retama retam, T. aestivum.*	*Bromus tectorum, Melilotus indica.*	(Nasrine et al. 2011)
8.	Efeito alelopático de *Adónis vernalis* L.,-Crescimento de raízes inibição e alterações citogenéticas.	*T. aestivum.*	*Adonis vernalis* L.	(Dragoeva et al. 2015)

| 9. | Efeito alelopático dos fenóis da casca em líquenes epífitos | *Hypogymnia physodes.* | *Betula pubescens.* | (Koopman n 2005) |
| 10. | Efeito alelopático de Talo de alho (*Allium sativum* L.) decomposto em alface (*L. sativa* var. crispa L.) | *L. sativa var Crispa L* | *Allium sativum* | (Han et al. 2013) |

11.	Efeito alelopático de diferentes concentrações de extrato aquoso de *Argemona mexicana* L., na germinação de sementes e no crescimento de plântulas de *Sorghum bicolor* (L.)Moench	*Sorghum bicolor* (L.) Moench	*Argemone mexicana* L.	(Alagesabo opathi 2013)
12.	Efeito alelopático de *Eucalyptus globules* Labill onseed germinação e crescimento de plântulas de beringela (*Solanum melangena* L.)	*Solanum melangena* L.	*Eucalyptus globules* Labill	(Dejam et al. 2014)

13.	Efeito alelopático de Folhas e raízes de *Heliotropium bacciferum* enzimática em *Oryza saliva* e *Teucrium polium*.	*Oryza sativa* e *Teucrium polium.*	*Heliotropium bacciferum*	(Al-Taisan 2014)
14.	Efeito alelopático de *Hyptis suaveolens* (L.) no crescimento e metabolismo de plântulas de ervilha.	*Pisum sativum.*	*Hyptis suaveolens* (L.)	(Suntia Roa & Singh 2015)

| 15. | Efeito alelopático da folha e da semente extrato de erva-das-nozes (*Cypreus tuberose*) em germinação do feijão (*Vigna unguiculata* L.) Walp. | feijão (*Vigna unguiculata* L.) Walp. | *Cypreus tuberosa* | (Belel & Belel 2015) |
| 16. | Efeito alelopático da ninhada de *Axonopus compressus* contra dois espécies infestantes e seus persistência no solo | *Asyatasia gangetica, Pennisetum polystachion.* | *Axonopus compressus* | (Samedani et al. 2013) |

17.	Efeito alelopático de alguns resíduos de culturas no germinação e crescimento do milho (*Zea mays L.*)	*Zea mays* L.	Casca de arroz e caule de sorgo	(Kayode & Ayeni 2009)
18.	Efeito alelopático de alguns verão leguminosas na germinação das sementes, na emergência e nas plântulas crescimento do milheto pérola (*Pennisetum americanum* L.)	*Pennisetum americanum* L.	Feijão-frade, Sesbinia e Feijão-mungo	(Ayub et al. 2013)

19.	Efeito alelopático de algumas ervas daninhas sobre germinação e crescimento de *Vigna mungo* (L.) Hepper.	*Vigna mungo* (L.) Hepper	*Hyptis saveolens, Tridex procumbens,P arthenium histerophorus.*	(Babu et al. 2014)
20.	Efeito alelopático de duas infestantes comuns nas sementes germinação, biomassa de R-5L e teor de proteínas de Jower	Jower	*Alternanthera sessilis, Cynodon dactylon*	(Abhinav & Kanade 2014)

21.	Efeitos alelopáticos de extractos aquosos de *Avena fatua* na germinação de sementes e no crescimento de plântulas de *Triticum aestivum* (variedade GW-273) '	*Triticum aestivum* (var GW-273)	*Avena fatua*	Ahmad *et al.* 2014
22.	Efeitos alelopáticos de algumas espécies arbóreas seleccionadas na germinação e crescimento do feijão-frade (*Vigna unguiculata* L. Walp.)	*Vigna unguiculata* (feijão-frade L. Walp)	*Azadirachta indica, Parkia biglobosa, Vitellaria paradoxa*	(Aleem et al. 2014)

23.	Efeitos alelopáticos de *Thymus kotschyanus* na germinação de sementes e na crescimento de *Bromus tomentellus* e *Trifolium repens*	*Bronus tomentellus* e *Trifolium repens.*	*Timo (Thymus kotchyanus)*	(Safari et al. 2010)
24.	Avaliação alelopática de *Ageratum conyzoides* L. na mostarda em Shivalik Hills, Himachal Pradesh Índia	*B. napus* var Toria L.	*Ageratum Conyzoides* L.	(Rawat 2015)
25.	Alelopático interação na associação micorrízica	Arbuscular fungos micorrízicos.	*Imperata cilíndrico, Dicanthium annolatum*	(Javaid 2007)

26.	Plantas alelopáticas. 19. Cevada (*Hordeum vulgare* L).	*Linum usitatissimum* L., *Triticum aestivum, T. durum* L., *Brassica oleracea*	*Hordeum vulgare* L.	(Kremer & Ben-Hammouda 2009)
27.	Plantas alelopáticas. 7. Girassol (*Helianthus annuus* L.)	Outras plantas.	*Helianthus annusL.* (girassol)	(Azania et al. 2003)
28.	Plantas alelopáticas: trigo mourisco (Fagopyrum^s pp.)	Ervas daninhas de arroz (erva de curral)	*Fagopyrum* spp.	(Xuan 2004)

29.	Potencial alelopático em Alface (*Lactuca sauva* L.) planta.	*Lactuca sativa* L.	*Portulaca oleracea, Medicago sativa.*	(Chon et al. 2005)
30.	Potencial alelopático de (girassol mexicano) *Tithonia diversifolia* Gray na germinação de plântulas de feijão-frade (*Vigna sinensis* L.)	*Vigna sinensis* L.	*Tithonia diversifolia* Gray (girassol mexicano).	(Musyimi et al. 2015)
31.	Alelopático potencial de uma planta daninha nociva ao feijão mungo	*Vigna radiata*	*Eupatorium odorata*	(Parthapratim et al. 2013)

32.	Potencial alelopático dos óleos essenciais de *Carum copticum L., Cucinum cyminum L., Rosmarium officinalis L.* e *Zataria multiflora* Boiss	*Cynodon dactylon, Colium perenne L., Festuca* spp.	*Carum copticum L., Cucinum cyminum L., Rosmarium officinalis L.,* e *Zataria multiflora* Boiss	(Saharkhiz et al. 2009)
33.	Potencial alelopático de *Ulmus* pumilaon invasivo espécies de plantas de sub-bosque	*Dactylis glomerata* L., *Trifolium repens* L., *Chenopodiu m album L.*	*Ulmus pumila.*	(Perez-Corona et al. 2013)

| 34. | Potencial alelopático da erva-do-diabo (*Datura stramonium* L.) no crescimento inicial de *Zea mays* L. e girassol (*Helianthus annus*) | *Zea mays* L., e girassol (*Helianthus annus*). | Erva-japonesa (*Datura stramonium* L.) | (Pacanoski et al. 2014) |
| 35. | Potencial alelopático de *Parthenium* para reduzir a absorção de água em sementes de feijão-caupi em germinação. | *Vigna unguiculata* | *Parthenium hysterophorus* | (Srivastava etal. 2011) |

36.	Potencial alelopático de gramíneas seleccionadas (família Poaceae) na germinação de sementes de alface (*Lactuca sativa*)	*Lactuca sativa*	*Chloris barbata, Eleusine indica, Saccharum spontaneum*	(Tantiado & Saylo 2012)
37.	Potencialidades alelopáticas da *Azadirachta indica* Jurs, folha aquosa extrato no crescimento inicial das sementes e nos parâmetros bioquímicos de *Vigna radiate* (L.) Wilczek.	*Vigna radiate* (L.) Wilczek.	*Azadirachta indica* Jurs.	(Shruthi et al. 2014)
38.	Alelopatia e invasão de plantas exóticas.	*Triticum vulgare, Avena sativa*	*Centáurea difusa*	(Hierro & Callaway 2003)

39.	Alelopatia e impacto potencial da invasora *Acacia saligna* (Labill) Wendl na diversidade de plantas numa costa do delta do Nik no Egipto.	*Aegilopus biconis Jacob, Rumex pictus* Frosk., *Eeodium laciniatum* (Cav) Willd	*Acácia saligna* (Labill)	(Abd El Gawad & El-Amier 2015)
40.	Alelopatia e a vida secreta de *Ailanthus altissima*	*Lepidium sativum, Zea mays, erva-dos-prados*	*Ailanthus altissima.*	(Heisey 1997)
41.	Alelopatia consideração para as plantações de *Eucalyptus spp*	Centeio, Manga, Laranja azeda, bordo vermelho, cedro vermelho	*Eucalipto* spp., *Leucaena* spp.	Gen, 2008

42.	Alelopatia no Agroecossistema	Linho, trigo	*Carvelina microcarpa,* Trepadeira (*Convolrulus sepium*).	(Putnam & Duke 1978)
43.	Alelopatia em sistema agroflorestal; O efeito do extrato de folhas de *Cupressus lusitanica* e 3 *Eucalyptus* spp em quatro culturas etíopes	*Cicer arietinum, Zea mays, Pisum sativum, Eragrostis tef* (teff)	*Cupressus lusitanica, Eucalyptus globulus, E. saligna, E. camal, E. dulensis*	(Lisanework& Michelsen 1993)
44.	Alelopatia em plantas de compositae	Alfafa	*Xanthium* spp., *Artemisia cirsium*	(Chon & Nelson 2011)

45.	Alelopatia no arroz	*Echinochloa crus- galli, Trianth ema portulacastru m., Heteranth era dimosa, Amm annia coccinea*	*Saliva de Oryza*	(Olofsdotte r1998)
46.	Alelopatia em centeio (*Secale cereale*). Em Crop Science, vol. Master of Science: Estado da Carolina do Norte Universidade, Raleigh, EUA	*Amaranthus retroflexus* (erva-de-raiz-vermelha)	Centeio *Secale cerale* L.	(Brooks 2008)
47.	Alelopatia das árvores de gimnospérmicas	*Triticum* spp.	*Juniperus* spp.	(Singh et al. 1999)

48.	A alelopatia - uma ferramenta para melhorar a erva daninha capacidade competitiva do trigo com o capim-preto resistente a herbicidas (*Alopecurus myosuroides* Huds.)	Trigo	Erva-preta (*Alopecurus myosuruides*) Huds	(Bertholdss em 2011)
49.	Atividade antibacteriana, alelopática e antioxidante de extractos e composto de *Rourea induta* Planch (Connaraceae)	*Rourea induta* Planch	*Lactuca sativa*	(Kalegari et al. 2012)

50.	Avaliação do potencial herbicida de plantas alelopáticas contra a trepadeira (*Convolvulus arvensis*)	*Convolvulus arvensis*	*Crocus sativus, Nicotiana tobacum, Datura inoxia, Sorgum vulgar*	(Nekonam et al. 2013)
51.	Avaliação do potencial alelopático de uma espécie de *Hyptis suaveolens* (L.) na germinação de sementes de culturas - *Triticum aestivum* L. e *Eleusine coracana* Gaerth.	*T aestivum* L.,e *Eleusine Coracana* Gaerth.	*Hyptis suaveolens* (L.) Piot	(Poornima et al. 2014)

| 52. | Avaliação do potencial alelopático das raízes de *Parthenium hysterophorus* L., em algumas culturas seleccionadas | Beterraba, Rabanete, Mostarda, Coentros, Methi, Cenoura, Milho para bebé | *Parthenium hysterophorus* L. | (Mawal et al. 2015) |
| 53. | Efeitos bioherbicidas de Extrato de *Typha angustifolia* L. na germinação de sementes e no crescimento de plântulas de *Vigna mungo* (L) Hepper | *Vigna mungo* (L) Hepper | *Typha angustifolia* L. | (Sethuraman& Sanjayan 2013) |

54.	Composição química e atividade alelopática de Óleos essenciais de *Parthenium hysterophorus* e de *Ambrosia polystachya*	*Lactuca sativa*	*Parthenium hysterophorus*, e *Ambrosia polystachya*	(DeMiranda et al. 2014)
55.	Comparação de o potencial alelopático de leguminosas de cobertura de verão, feijão-frade. Cânhamo e feijão-frade	*Crotalária juncea* L., *V. unguiculata* L., *Mucuna deeringiana* (Bort Meer)	Erva de ganso (*Eleusine indica* (L.) Gaertn)	(Adler & Chase 2007)

56.	Concentração e níveis libertados de momilactona B nas plântulas de8 Arroz cultivares	*Oryza sativa* L.	Momilactona B (produto químico)	(Kato-Noguchi & Ino 2005)
57.	Cultivares com capacidade alelopática	*Cucumis sativus* L.	*B. hirta,* Moench. e *Panicum miliaceum*	Pratuey e Haig 1999

| 58. | Efeito de extractos aquosos de alelopático *Artemísia* anuário germinação e início de crescimento de Isabgol (*Plantago ovate*) | *Plantago ovata* | *Artemisia annua* | (Moussavi-Nik2011) |
| 59. | Efeito de *Eucalipto* no trigo, milho e feijão-frade | *T.aestivum* L., *Zea mays* L., *Vigna unguiculata* L. | *Eucalipto tereticornis.* | (Blaise et al. 1997) |

60.	Efeito de lixiviados de Ervas daninhas alienígenas em germinação de sementes crescimento e fisiologia de plântulas em feijão-mungo	*V. radiata* (var Vaibhav).	*Cassia uniflora, Synedrella nodflora* (L) Goerth.	(Ghayal et al. 2014)
61.	Efeitos de extrato aquoso de rebentos de *Tithonia diversifolia* no crescimento de plântulas de *Monodora tenuifolia* (Benth.), Dialium guineense (Willd.) e *Hildegardia barteri* (Mast.) Kosterm	*Monodora tenuifolia* (Benth), *Dialium guineense* (Willd) e *Hildegardia basteri* (Mast) kosterm	*Tithonia diversifolia*	(Oke et al. 2011)

| 62. | Alelopatia melhorada e capacidade competitiva de planta invasora *Solidago canadensis* na sua área de introdução | *Kummerowia estriado* | *Solidago canadensis* | (Yuan et al. 2012) |
| 63. | Avaliação e distribuição do potencial antibacteriano nas partes aéreas de *Tridax procumbens* selvagem | *Tridax procumbens* | *Enterobacter aerogenes* (-ve), *Bacillus subtiles* (+ve) | (Rizvi et al. 2011) |

64.	Experimental abordagens para testar a alelopatia: Um estudo de caso utilizando o invasora *Sapium sebiferum*	*Schizachyriu m scoparium* L.	*Sapium sebífero*	(Rua et al. 2008)
65.	Proliferação de algas nocivas espécies de microalgas alelopáticas: o papel de eutrofização	*Prymnesium parvum*	*Anabaena* spp., *Nostoc* spp., *Microcystis* spp.	(Graneli et al. 2008)

| 66. | Investigação do potencial alelopático de *Eucalyptus globules* Labill e *Parthenium hysterophorus* L. | *Vigna radiate* | *Eucalyptus globules* Labill e *Parthenium hysterophorus* L. | (Nayek 2014b) |
| 67. | Investigação do efeito alelopático dos resíduos das folhas de Khat e do efeito alelopático do SA em raízes de trigo. | Raízes de trigo | Resíduos de folhas de Khat (*Catha edulis* Forskal) | (AlMureish et al. 2014) |

68.	Inquérito sobre o efeito alelopático de *Tithonia diversifolia* (Hemsl) (girassol mexicano) em *Tridax procumbens* (L)	*Tridax procumbens* L.	*T. diversifolia* (Hems)L., (girassol mexicano)	(Ademiluyi 2013)
69.	*Juglans spp., Juglone* e alelopatia	*Juglans* spp.	*Juglans regia* (Noz preta)	(Willis 2000)

| 70. | Métodos para determinar o potencial alelopático de plantações para controlo de ervas daninhas. | Ervas daninhas do arroz. | *Medicago sativa, Azadirachta indica* | (Xuan et al. 2004) |
| 71. | Análise de vizinhança do efeito alelopático da árvore invasora *Alianthus altissima* em florestas temperadas | *Acer rubrus, A. saccharum, Quercus rubra* | *Alianthus altissima* | (Gomez-Aparicio & Canham 2008) |

72.	Não há provas raiz alelopatia mediada por *Centaurea solstitialis*, uma espécie de um género comummente alelopático	*Achnatherum coronatum, N. lepida, N. pulchia, Vulpia myuros, V. microstachys*	*Centaurea solstitialis*	(Qin et al. 2007)
73.	Alelopatia fenólica e vegetal	*B.chinensis, L. sativa*	*Delonix regia*	(Li et al. 2010)
74.	Compostos fenólicos exsudados de duas macrófitas submersas de água doce e os seus Efeitos alelopáticos *Microcystis aeruginosa*	*Microcystis aeruginosa*	*Hydrilla verticillata, Vallisneria spiralis*	(Gao et al. 2011)

75.	Interpretação físico-química da interação alelopática de *Vetiveria* com 2 plantas de vedação produtoras de óleo não comestível	*Jatropha curcas, Ricinus cummunis*	*Vetiveria zizanioides*	(Vimala et al. 2005)
76.	Fitotoxicidade de *Tridax procumbens* L.	*Allium cepa* L., e *L. sativa*	*Tridex procumbens*	(Mecina et al. 2016)

| 77. | Potencial alelopático relativo de spp. de plantas invasoras em bosques jovens distribuídos | *Elaeagnus anguistifolia* | *A altissima, Acer platanoides, Lonicera japonica* | (Pisula & Meiners 2010) |
| 78. | Investigação sobre o potencial alelopático de trigo | *Secale cereal L., Glycine max L. Mer., Sorgum bicolor Vigna unguiculata, Helianthus annus* | Trigo e palha de trigo | (Lam et al. 2012) |

79.	Resposta de grão-de-bico (*Cicer arietinum* L.) à coinoculação com microrganismo eficaz (EM) e VA Micorriza sob stress alelopático	*Cicer arietinum* L.	*Syzygium cumini* (L.) Skeels	(Bajwa et al. 1999)
80.	Alteração dos resíduos radiculares na alelopatia varietal e na autotoxicidade de *espargos* (*A officinalis* L.) replantados	Mudas próprias *de espargos*	*Espargos (Asparagus officinalis* L.)	(Yeasmin et al. 2015)

81.	Rastreio da atividade alelopática de 239 espécies de plantas medicinais utilizando o método de sanduíche	239 plantas medicinais	*Lactuca saliva* L. (Alface)	(Fujii et al. 2003)
82.	Os efeitos alelopáticos de juglone com frutos de casca rija	*Couve, Solanum lycopersicum , B. rapa*	*Noz de Juglone* (Noz)	(Qin et al. 2011)

83.	O potencial alelopático de Ervilhaca peluda, outono Centeioe Trigo de inverno num solo franco-argiloso siltoso	Ervilhaca peluda, centeio de outono e trigo de inverno	Canola, kochia, Lamb's quarters, trigo e aveia selvagem	(Geddes et al. 2013)
84.	O potencial da alelopatia como instrumento de gestão das infestantes nos campos de cultivo	*Tagetes patula, Amaranthus dubilus, Phaseolus vulgaris* L.	*Cyperus rotundus* L., *Hlium* spp., *Euphorbia* spp.	(Altieri & Doll 1978)

85.	Variação da atividade alelopática ao longo de 100 anos de seleção e melhoramento da cevada	*Hordeum vulgare.*	*Lolium perenne(L.)* centeio	(Bertholdss em 2004)

2.3 Perspectivas futuras:

A alelopatia é um fenómeno importante para compreender o mecanismo das interacções planta-planta. Embora existam vários métodos relatados na literatura para lidar com as ervas daninhas para minimizar a perda de colheitas, a alelopatia é o único método que provou ser a melhor solução como um herbicida. De facto, a alelopatia é o único método amplamente aceite em todo o mundo como o método mais viável para combater as infestantes nos campos. Para preencher as lacunas de conhecimento sobre a alelopatia, o número de laboratórios está a aumentar em todo o mundo. Assim, seria menos problemático determinar o papel da alelopatia na ecologia química. Outra perspetiva é a descoberta das vias biossintéticas e genéticas dos aleloquímicos. Métodos avançados como a biologia molecular, a genética e a bioquímica tornarão este tipo de investigação mais rápido. Uma vez caracterizados os genes responsáveis por este potencial alelopático, os genes do potencial alelopático seriam transformados nas culturas de interesse. As linhas transgénicas seriam geradas com potencial para ter propriedades alelopáticas.

Capítulo 3

Material e métodos

3.1 Recolha da planta:

Os espécimes de *Tridax procumbens* L. foram colhidos em dois locais no campus da Universidade Savitribai Phule Pune, Pune (nos relvados do edifício principal e no jardim botânico do Departamento de Botânica).

3.2 Identificação da planta:

Foi também preparado um herbário do espécime de *Tridax procumbens* L., que foi apresentado no Agharkar Research Institute Pune, Pune, para identificação.

3.3 Preparação do extrato para o ensaio alelopático:

Um total de 100g (representando caule, raiz, folha) de plantas *de Tridax procumbens* L. recém-colhidas foram lavadas com água destilada. T. O material vegetal (caule/raiz/folhas) foi esterilizado à superfície com $HgCl_2$ (Mawal et al. 2015). O extrato da planta foi preparado utilizando o aparelho Soxhlet. Após 1-2 dias, o extrato foi filtrado através do funil de Buchner utilizando papel de filtro (Whatmann 42). O extrato foi considerado como 100% (concentrado). Foram feitas as diluições do extrato (1%, 50%, 100%).

3.4 Seleção e esterilização das sementes para ensaio alelopático:

As sementes das quatro plantas economicamente importantes (*Cicer areitinum, Lepidium sativum, Vigna aconitifolia* e *Trigonella foeum-graecum*) foram seleccionadas para o presente estudo. As sementes seleccionadas foram esterilizadas à superfície (Mawal et al. 2015) antes de iniciar o ensaio alelopático.

3.5 A montagem experimental para o ensaio alelopático:

As placas de Perti inseridas com papéis de germinação foram autoclavadas. As sementes esterilizadas das plantas seleccionadas (*Cicer areitinum)* foram semeadas nas placas de Petri. Foi adicionado um ml do extrato da planta de cada concentração à respectiva placa de Petri. Para o controlo, foi adicionado apenas 1 ml de água destilada. Todas as experiências foram efectuadas em triplicado e em condições assépticas. Todas as placas de Petri inoculadas foram incubadas à temperatura ambiente no laboratório, no escuro. As placas de cultura foram analisadas por dia. A solução antiga (extrato da planta) foi substituída por uma nova (mesma concentração e volume) na respectiva placa. Após 7 dias de incubação, a taxa de germinação de sementes e o índice de germinação (Jain et al. 2014); (Visioli et al. 2014); (Shahnawaz et al. 2016) foram determinados usando as seguintes fórmulas:

$$\text{Percentagem de germinação das sementes} = \frac{\text{No. of seeds germinated}}{\text{Total no. of seeds sown}} \times 100$$

$$\text{Índice de germinação} = \frac{Gn \times Ln}{Gc \times Lc} \times 100$$

Gn: valor médio das sementes germinadas
Ln: valor médio do comprimento da raiz
Gc: valor médio das sementes germinadas no controlo
Lc: valor médio do comprimento da raiz no controlo.

3.6 Avaliação *in vivo* do ensaio alelopático:

Os copos de plástico foram cheios com terra e as sementes foram semeadas nos copos de forma equidistante e deixadas a crescer durante uma semana. A cada copo, foi também adicionado 1 ml da concentração do extrato de planta utilizado no ensaio de germinação de sementes, respetivamente, e ao controlo foi adicionado 1 ml de água destilada. Todas as experiências foram repetidas em triplicado. Após 7 dias da sementeira das sementes, foi determinada a taxa de germinação das sementes, o índice de germinação e a taxa de inibição do alongamento percentual

Capítulo 4
Resultados
4.1 Ensaio de germinação de sementes:
Após 7 dias de incubação à temperatura ambiente, a percentagem de germinação de sementes (Quadro 4.1) e o índice de germinação (Quadro 4.2) das quatro culturas seleccionadas (Fig. 4.1) foram calculados para determinar o potencial alelopático de *Tridexprocumbens* (Fig. 4.2).

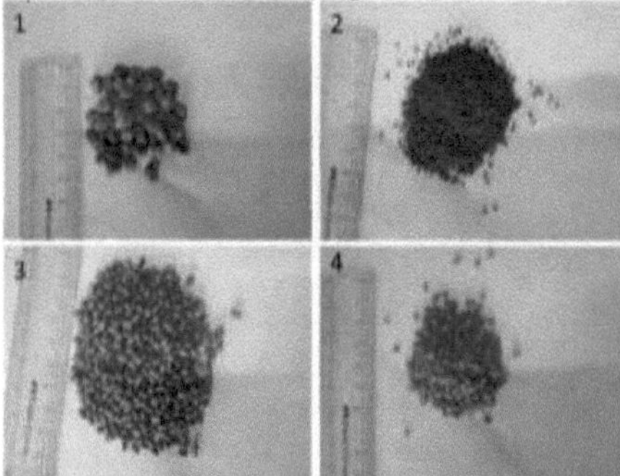

Fig 4.1. As culturas utilizadas para o teste alelopático de *Tridax procumbens*:
1. *Cicer areitinum,*
2. *Lepidium sativum,*
3. *Vigna aconitifolia* e
4. *Trigonella foeum-graecum*

Fig 4.2 Espécime de *Tridaxprocumbens* representando o hábito,
a. flor

A percentagem de germinação das sementes diminuiu com o aumento da concentração do extrato em todas as quatro culturas (Fig. 4.3). O índice percentual de germinação de sementes também foi reduzido devido ao aumento das concentrações do extrato.

Tabela 4.1. Efeito do extrato da planta *Tridaxprocumbens* na germinação de sementes das 4 diferentes plantas cultivadas (*in vitro*)

Sr. Não.	Nome da planta	Tratamento	Percentagem de germinação das sementes			Média
			Rep1	Rep2	Rep3	
1	*Vigna aconitifolia*	C	50.00	60.00	40.00	50.00±10.00
		1%	45.00	30.00	60.00	45.00±15.00
		50%	50.00	40.00	30.00	40.00±10.00
		100%	30.00	20.00	40.00	30.00±10.00
2	*Lepidium sativum*	C	100.00	100.00	100.00	100.00±0.00
		1%	100.00	100.00	100.00	100.00±0.00
		50%	100.00	100.00	100.00	100.00±0.00
		100%	100.00	80.00	100.00	93.33±11.57
3	*Trigonell foenum-graecum.*	C	100.00	100.00	100.00	100.00±0.00
		1%	70.00	65.00	60.00	65.00±5.00
		50%	100.00	100.00	90.00	96.66±5.77
		100%	80.00	85.00	90.00	85.00±5.00
4	*Cicer arietinum.*	C	100.00	100.00	100.00	100.00±0.00
		1%	100.00	90.00	100.00	96.66±5.77
		50%	90.00	90.00	100.00	93.33±5.77
		100%	50.00	90.00	80.00	73.33±20.81

Tabela 4.2 Efeito do extrato da planta Tridax procumbens na

IG das 4 culturas seleccionadas (*in vitro*)

Sr. Não.	Nome da planta	Tratamento	PercentagemSemente Índice de germinação			Média
			Rep1	Rep2	Rep3	
1	*Vigna aconitifolia*	1%	34.07	26.66	30.37	30.37±3.70
		50%	78.08	76.17	80.00	78.08± 1.91
		100%	24.66	20.83	20.00	21.86±2.54
2	*Lepidium sativum.*	1%	44.68	55.36	66.04	55.36± 10.68
		50%	62.41	52.02	68.71	61.05±8.42
		100%	39.53	31.72	35.63	35.63±3.90
3	*Trigonell foenum-graecum.*	1%	24.60	30.22	35.84	30.22± 5.62
		50%	43.68	40.62	37.56	40.62±3.06
		100%	37.04	40.25	38.63	38.63± 1.588
4	*Cicer arietin um.*	1%	88.70	70.94	89.04	82.89± 10.39
		50%	74.33	56.95	65.61	65.64± 8.68
		100%	39.52	32.60	46.48	39.52± 6.92

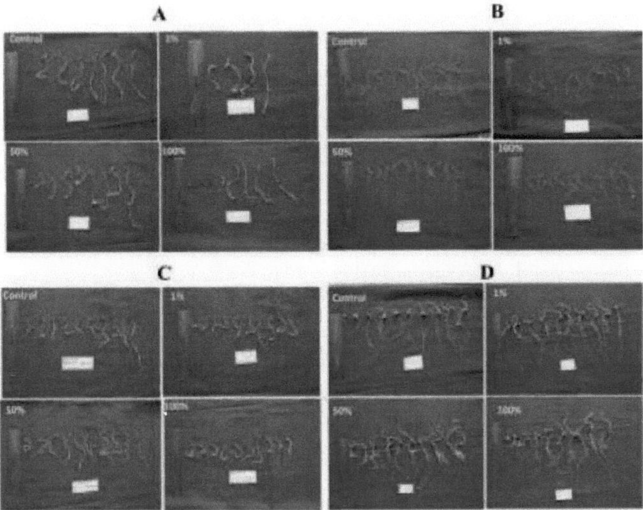

Fig. 4.3 Germinação de sementes *in-vitro* de culturas com concentrações de controlo, 1%, 50% e 100% de extrato de *Tridax procumbens*: A. *Vigna aconitifolia.*
B. *Lepidium sativum.*
C. *Trigonella foenum-graecum.*
D. *Cicer arietinum.*

4.2 Ensaio de germinação *in vivo*:

Após 7 dias de sementeira das sementes nos copos com a adição do extrato da planta *T. procumbens*, como indicado nos materiais e métodos, a germinação das sementes (Tabela 4.3) e o índice de germinação (Tabela 4.4). Com o aumento da concentração do extrato, verificou-se que a percentagem de germinação das sementes diminuiu em *Vigna aconitifolia* e *Cicer aerietinum* (Fig. 4.4), enquanto não houve efeito líquido em *Lepidium sativum* e *Trigeonella foenum graecum* (Fig. 4.4). Verificou-se que a taxa do índice de germinação diminuiu com o aumento da concentração em todas as quatro culturas.

Tabela 4.3. Efeito do extrato da planta *Tridaxprocumbens* na % de germinação de sementes das 4 plantas cultivadas diferentes (*in vivo*)

Sr. Não.	Nome da planta	Tratamento	Percentagem de germinação das sementes			Média
			Rep1	Rep2	Rep3	
1	*Vigna aconitifolia*	Controlo	70.00	90.00	80.00	80.00± 10.00
		1%	40.00	90.00	70.00	66.67± 25.17

		50%	60.00	90.00	70.00	73.33± 15.28
		100%	40.00	20.00	60.00	40.00± 20.00
2	*Lepidium sativum.*	Controlo	100.00	100.00	100.00	100.00± 0.00
		1%	100.00	100.00	100.00	100.00± 0.00
		50%	100.00	100.00	100.00	100.00± 0.00
		100%	100.00	100.00	100.00	100.00± 0.00
3	*Trigonell foenum-graecum*	Controlo	100.00	100.00	100.00	100.00± 0.00
		1%	100.00	100.00	100.00	100.00± 0.00
		50%	100.00	100.00	50.00	80.33± 2.88
		100%	100.00	100.00	100.00	100.00± 0.00
4	*Cicer arietinum*	Controlo	100.00	100.00	100.00	100.00± 0.00
		1%	80.00	100.00	80.00	86.66± 11.54
		50%	100.00	100.00	90.00	96.66± 5.773
		100%	100.00	60.00	100.00	86.66± 23.09

Tabela 4.4. Efeito do extrato da planta *Tridaxprocumbens* no IG das 4 culturas seleccionadas (*in vivo*)

Sr. Não.	Nome da planta	Tratamento	PercentagemSemente Índice de germinação			Média
			Rep1	Rep2	Rep3	
1	*Vigna aconitifolia*	1%	40.00	39.83	40.18	40.00±0.1
		50%	91.58	81.01	69.90	80.83± 10.8
		100%	20.98	13.70	17.34	17.3±3.63
2	*Lepidium sativum.*	1%	79.35	50.8	107.9	79.35± 28.55
		50%	100.95	102.7	99.2	100.95± 1.75
		100%	48.76	81.99	65.37	65.37± 16.61
1	*Trigonell foenum-graecum*	1%	94.92	91.15	103.53	96.53±6.34
		50%	58.00	45.28	32.56	45.28± 12.7
		100%	88.26	67.69	108.83	88.26±20.56
1	*Cicer arietinum*	1%	48.28	48.42	48.55	48.42±0.13
		50%	103.42	104.60	93.66	100.56±6.0

| | | 100% | 47.91 | 41.97 | 53.85 | 47.91±5.94 |

GI: Índice de Germinação

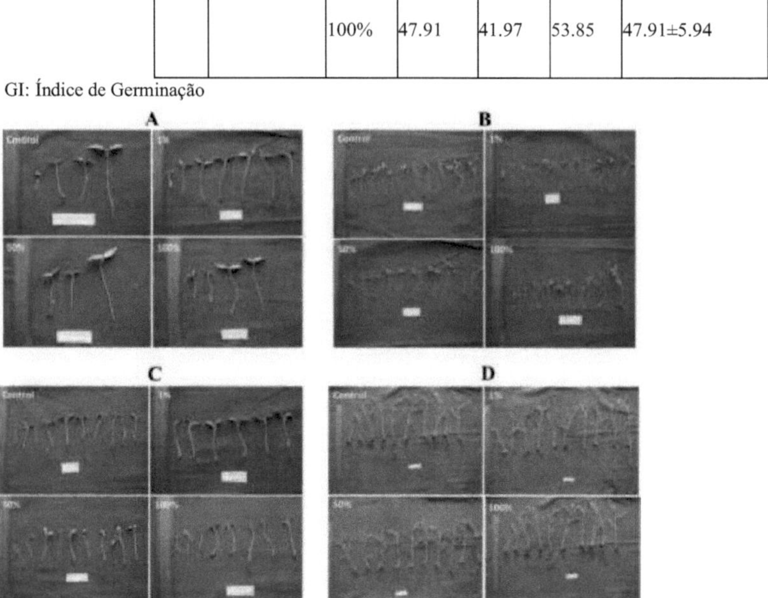

Fig 4.4 Germinação de sementes *in vivo* de culturas com concentrações de controlo, 1%, 50% e 100% de extrato de *Tridax procumbens*. A. *Vigna aconitifolia*.
B. *Lepidium sativum*.
C. *Trigonella foenum-graecum*.
D. *Cicer arietinum*.

Capítulo 5
Discussão

Embora *Tridax procumbens* L. seja uma erva daninha comum nos campos agrícolas, é de grande importância devido ao seu valor medicinal. As propriedades medicinais desta planta são descritas por muitos trabalhadores (Jain 2012). Os produtos químicos sintetizados na planta também são úteis para introduzir o mecanismo de conclusão contra outras plantas associadas presentes nessa área específica. Como parte da conclusão, esta planta tem efeito alelopático sobre as plantas associadas (Femina et al. 2012). Por conseguinte, foi interessante saber se os produtos químicos libertados por esta planta estão a afetar o crescimento de outras espécies de plantas associadas a ela. Por conseguinte, foi recolhida nos locais mais adequados para a recolha, ou seja, no edifício principal e no jardim botânico do departamento de botânica no campus da Universidade Savitribai Phule Pune

Para observar o efeito alelopático desta planta na germinação das plantas cultivadas *in vivo* e *in vitro*, o extrato foi tratado com as quatro plantas cultivadas. Estas foram *Lepidium sativum, Cicer arietinum, Vigna aconitifolia* e *Trigonella foenum-graecum*. Não existe trabalho suficiente sobre *Lepidium sativum no* que respeita a este aspeto da alelopatia, pelo que este é o primeiro trabalho que utiliza *Tridax procumbens*. A resposta do grão-de-bico (*Cicer arietinum* L.) foi estudada após a co-inoculação com microrganismos eficazes (EM) e micorriza VA sob stress alelopático introduzido por *Syzygium cumini* (Bajwa et al. 1999), no entanto, não há relatórios que utilizem *Tridax procumbens. Tanto quanto é do* nosso conhecimento, este é o primeiro relatório alelopático de *Tridax procumbens* em *Vigna aconitifolia* e *Trigonella foenum graecum*. Foram realizadas experiências em laboratório e em vaso para estudar o efeito do feno-grego (*Trigonella foenum-graecum*) no crescimento de Striga e sorgo (Hassan et al. 2013). Não foram registados mais relatórios alelopáticos sobre o *Tridax*. Por conseguinte, para testar o efeito alelopático de *Tridax procumbens* nestas quatro culturas, foram seleccionadas para o presente estudo.

Na experiência *in vivo*, após dias de incubação à temperatura ambiente, foi calculada a percentagem de germinação. Na cultura *Vigna aconitifolia,* as sementes apresentaram a menor germinação (30,00±10,00 %) com uma concentração de 100% do extrato da planta *T. procumbens*. Com *Lepidium sativum, uma* vez que a planta tem um crescimento rápido, apresentou uma percentagem de germinação no controlo, 1%, 50% (ou seja, 100,00±0,00 %), mas a 100% de concentração a inibição foi de 6,67% (93,33±11,57 % de germinação). Na planta *Trigonella foenum-graecum,* as sementes mostraram uma percentagem de germinação normal no tratamento de controlo (100,00±0,00 %), mas nas concentrações de 1%, 50% e 100%, houve uma redução na germinação das sementes (65,00±5,00, 96,66±5,77, 85,00±5,00 %, respetivamente). Em *Cicer arietinum,* houve 100% de germinação de sementes quando comparado com o controlo (100,00±0,00 %), mas verificou-se uma redução na concentração de 100% do extrato (73,33±20,81% de germinação).

Na experiência *in vitro* da cultura, *Vigna aconitifolia,* a germinação das sementes foi de 80 % no controlo, enquanto que na concentração de 100 % do extrato foi notavelmente reduzida (40,00 ± 20,00 %). Isto indica que estas sementes enfrentaram algum efeito alelopático do extrato de *Tridax*. As sementes de *Lepidium sativum* não mostraram qualquer efeito alelopático do extrato de *Tridax* a 1%, 50% e 100% de concentração (100,00±0,00 % de germinação). As sementes de *Trigonella foenum-graecum* experimentaram o efeito alelopático do *Tridax* no tratamento a 50% (80,33±2,88% de germinação). As sementes de *Cicer arietinum* apresentaram 100% de germinação, mas a inibição foi observada nas concentrações de 1%, 50% e 100% do extrato. Para saber mais sobre o perfil químico das substâncias químicas alelopáticas em *T. procumbens* que são responsáveis pela inibição da germinação de sementes destas quatro culturas, é necessária mais investigação.

Conclusão

O extrato da planta *Tridax procumbens* possui um potencial alelopático. O aumento da concentração do extrato da planta leva à redução da germinação de sementes das culturas *Vigna aconitifolia, Lepidium sativum, Trigonella foenum graecum* e *Cicer arietinum in vivo* e *in vitro*.

Referências

Abd El Gawad, A. M. & El-Amier, Y. A. 2015 Alelopatia e impacto potencial da invasora Acacia saligna (Labill.) Wendl. na diversidade vegetal na costa do Delta do Nilo, no Egipto. *Revista Internacional de Investigação Ambiental* **9**, 923-932.

Abhinav, A. M. & Kanade, M. B. 2014 Efeito alelopático de duas ervas daninhas comuns na germinação de sementes, comprimento da raiz e do rebento, biomassa e teor de proteínas do jowar. *Ann Biol Res* **5**, 89-92.

Ademiluyi, B. O. 2013 Investigação sobre o efeito alelopático de Tithonia diversifolia (Hemsl) (Girassol Mexicano) em Tridax procumbens (L.). *Jornal das Caraíbas de Ciência e Tecnologia* **1**, 224-227.

Adler, M. J. & Chase, C. A. 2007 Comparação do potencial alelopático de culturas de cobertura leguminosas de verão: feijão-frade, cânhamo e feijão-velho. *HortScience* **42**, 289-293.

Ahmad, W., Akbar, M., Farooq, U., Alia, A. & Khan, F. 2014 Efeitos alelopáticos de extractos aquosos de Avena fatua na germinação de sementes e no crescimento de plântulas de Triticum aestivum (variedade GW-273). *IOSR Journal Of Environmental Science, Toxicology And Food Technology* **8**, 38-42.

Ahn, J. K. & Chung, I. M. 2000 Potencial alelopático da casca de arroz sobre a germinação e o crescimento de plântulas de erva-das-pastagens. *Agronomy Journal* **92**, 1162-1167.

Al-Mureish, K., Al-Hakimi, A. M. A., Al-Areqi, N. A. S. & Al-Aghbari, E. S. 2014 Investigação sobre os efeitos alelopáticos dos resíduos das folhas de Khat e os efeitos aliviadores do ácido salicílico nas raízes do trigo. *Plant* **4**, 54-59.

Al-Taisan, A. W. 2014 Efeitos alelopáticos da folha e das raízes de Heliotropium bacciferum em Oryza sativa e Teucrium polium. *Jornal de Ciências da Vida* **11**, 41-50.

Alagesaboopathi, C. 2013 Efeito alelopático de diferentes concentrações de extrato aquoso de Argemone mexicana L. na germinação de sementes e crescimento de plântulas de Sorghum bicolor (L.) Moench. *Jornal de Farmácia e Ciências Biológicas* **5**, 52-55.

Aldrich, R. J. 1984 *Weed-crop ecology: principles in weed management*: Breton publishers.

Aleem, M. O., Alamu, L. O. & Olabode, O. S. 2014 Efeitos alelopáticos de algumas espécies de árvores seleccionadas na germinação e crescimento de Feijão-frade (Vigna unguiculata L. Walp.). *Open Journal of Forestry* **4**, 310.

Aliotta, G., Cafiero, G. & Otero, A. M. n. 2006 Weed germination, seedling growth and theirlesson for allelopathy in agriculture. *Allelopathy*, 285-297.

Altieri, M. A. & Doll, J. D. 1978 The potential of allelopathy as a tool for weed management in crop fields. *PANS* **24**, 495-502.

Anónimo. 2017 Botões de casaca (Tridax procumbens). In *http://www.plantwise.org/KnowledgeBank/Datash eet.aspx?dsid=55072*, vol. 2017. Acedido em 20 de outubro de 2017.

Ayub, M., Shehzad, M., Nadeem, M. A., Tahir, M., Siddiqui, M. H., Shoaib, M. & Qadir, I. 2013 Efeito alelopático de algumas leguminosas de verão na germinação das sementes, na emergência e no crescimento das plântulas
do milho-miúdo (Pennisetum americanum L.). *Revista Internacional de Agricultura Moderna* **02**, 118-125.

Azania, A., Azania, C. A. M., Alves, P., Palaniraj, R., Kadian, H. S., Sati, S. C., Rawat, L. S., Dahiya, D. S. & Narwal, S. S. 2003 Allelopathic plants. 7. Girassol (Helianthus annuus L.). *Allelopathy Journal* **11**, 1-20.

Babu, G. P., Hooda, V., Audiseshamma, K. & Paramageetham, C. 2014 Efeitos alelopáticos de algumas ervas daninhas na germinação e crescimento de Vigna mungo (L). Hepper. *Revista Internacional de Microbiologia Atual e Ciências Aplicadas* **3**, 122-128.

Bajwa, R., Javaid, A. & Haneef, B. 1999 Tecnologia EM e VAM no Paquistão V: Resposta do grão-de-bico
(Cicer arietinum L.) à co-inoculação de microrganismos eficazes (EM) e micorriza VA sob stress alelopático. *Pak JBot* **31**, 387-396.

Baker, H. G. 1965 Characteristics and modes of origin of weeds (Características e modos de origem das ervas daninhas). Characteristics and modes of origin *of weeds*, 147-72.

Belel, M. D. & Belel, R. D. 2015 Efeito alelopático do extrato de folhas e sementes de capim-nuvem (Cyperus tuberosus) na germinação de feijão (Vigna unguiculata (L.) Walp). *Cogent Food & Agriculture* **1**, 1102036, DOI:
http://dx.doi.org/10.1080/23311932.2015.1102036.

Bentham, G. & Hooker, J. D. 1876 *Genera plantarum* : Reeve And Co.; Londres.

Bertholdsson, N.-O. 2011 Alelopatia - uma ferramenta para melhorar a capacidade competitiva de ervas daninhas do trigo com capim-preto resistente a herbicidas (Alopecurus myosuroides Huds.). *Agronomia* **2**, 284-294.

Bertholdsson, N. O. 2004 Variação da atividade alelopática ao longo de 100 anos de seleção e melhoramento da cevada. *Weed research* **44**, 78-86.

Bhagwat, D., Killedar, S. & Adnaik, R. 2008 Atividade antidiabética do extrato de folha de Tridax procumbens. *Revista internacional de farmácia verde* **2**, 126.

Bialy, Z., Oleszek, W., Lewis, J. & Fenwick, G. R. 1990 Potencial alelopático dos glucosinolatos (glicosídeos do óleo de mostarda) e dos seus produtos de degradação contra o trigo. *Plant and Soil* **129**, 277-281.

Blaise, D., Tyagi, P. C., Khola, O. P. S. & Ahlawat, S. P. 1997 Effect of Eucalyptus on wheat, maize and cowpeas. *Allelopathy Journal* **4**, 341-344.

Brooks, A. M. 2008 Alelopatia no centeio (Secale cereale). Em *Crop*

Science, vol. Master of Science: Universidade Estadual da Carolina do Norte, Raleigh, EUA.

Chon, S.-U. 2004 Efeito fitotóxico do extrato de folhas de Xanthium occidentale na germinação de sementes e no crescimento inicial de alfafa e erva-dos-prados. *Korean Journal of Crop Science* **49**, 30-35.

Chon, S.-U., Jang, H.-G., Kim, D.-K., Kim, Y.-M., Boo, H.-O. & Kim, Y.-J. 2005 Potencial alelopático em plantas de alface (Lactuca sativa L.). *Scientia Horticulturae* **106**, 309-317.

Chon, S. U. & Nelson, C. J. 2011 Allelopathy in compositae plants. Em *Agricultura Sustentável Volume 2*, pp. 727-739: Springer.

Chung, I. M., Ahn, J. K. & Yun, S. J. 2001 Avaliação do potencial alelopático da erva de curral (Echinochloa crus-galli) em cultivares de arroz (Oryza sativa L.). *Proteção das culturas* **20**, 921-928.

Dayan, F. E., Owens, D. K. & Duke, S. O. 2012 Fundamentação para uma abordagem de produtos naturais à descoberta de herbicidas. *Ciência da gestão de pragas* **68**, 519-528.

De-Miranda, C. A. S. F., Cardoso, M. d. G., de Carvalho, M. L. M., Figueiredo, A. C. S., Nelson, D. L., de Oliveira, C. M., Gomes, M. d. S., de Andrade, J., de Souza, J. A. & de Albuquerque, L. R. M. 2014 Composição química e atividade alelopática dos óleos essenciais das ervas daninhas Parthenium hysterophorus e Ambrosia polystachya. *American Journal of Plant Sciences* **5**, 1248.

Dejam, M., Khaleghi, S. S. & Ataollahi, R. 2014 Efeitos alelopáticos de Eucalyptus globulus Labill. na germinação de sementes e crescimento de mudas de berinjela (Solanum melongena L.). *International Journal of Farming and Allied Sciences* **3**, 81-86.

Dilday, R. H., Yan, W. G., Moldenhauer, K. A. K. & Gravois, K. A. 1998 Allelopathic activity in rice for controlling major aquatic weeds. *Allelopathy in Rice*, 7-26.

Dragoeva, A. P., Koleva, V. P., Nanova, Z. D. & Georgiev, B. P. 2015 Efeitos alelopáticos de Adonis vernalis L.: Inibição do crescimento da raiz e alterações citogenéticas. *Jornal de Química Agrícola e Meio Ambiente* **4**, 48-55.

Drost, D. C. & Doll, J. D. 1980 The allelopathic effect of yellow nutsedge (Cyperus esculentus) on corn (Zea mays) and soybeans (Glycine max). *Weed science* **28**, 229-233.

Duke, S. O. 2012 Por que razão não surgiram novos modos de ação de herbicidas nos últimos anos? *Ciência da gestão das pragas* **68**, 505-512.

Ebana, K., Yan, W., Dilday, R. H., Namai, H. & Okuno, K. 2001 Variação no efeito alelopático do arroz com extractos solúveis em água. *Agronomy Journal* **93**, 12-16.

Einhellig, F. A. (ed.) 1986 *Mechanisms and modes of action of allelochemicals*. The Science of Allelopathy: John Wiley & Sons, Nova Iorque.

Einhellig, F. A. 1995 Mechanism of action of allelochemicals in allelopathy (Mecanismo de ação dos aleloquímicos na alelopatia): ACS Publications.

Fay, P. K. & Duke, W. B. 1977 An assessment of allelopathic potential in Avena germ plasm. *Weed science* **25**, 224-228.

Femina, D., Lakshmipriya, P., Subha, S. & Manonmani, R. 2012 Efeitos alelopáticos do extrato de erva daninha (Tridex procumbens L.) na germinação de sementes e no crescimento de plântulas de algumas plantas leguminosas. *Intl Res JPharm* **3**, 90-95.

Ferguson, J. J. & Rathinasabapathi, B. 2003 *Allelopathy: How plants suppress other plants*: Serviço de Extensão Cooperativa da Universidade da Florida, Instituto de Ciências Alimentares e Agrícolas, EDIS.

Fistarol, G. O., Legrand, C. & GranAOli, E. 2003 Efeito alelopático de Prymnesium parvum numa comunidade natural de plâncton. *Marine Ecology Progress Series* **255**, 115-125.

Fraenkel, G. S. 1959 The raison d'etre of secondary plant substances (A razão de ser das substâncias secundárias das plantas). *Science*, 1466-1470.

Fujii, Y. 1992 O potencial controlo biológico de ervas daninhas em arroz com alelopatia: Efeito alelopático de algumas variedades de arroz. In *Proceedings of the International Symposium on Biological Control and Integrated Management of Paddy and Aquatic Weeds in Asia (Tsukuba, Japão, 23 de outubro de 1992)*, pp. 305-320: Centro Nacional de Investigação Agrícola.

Fujii, Y., Parvez, S. S., Parvez, M., Ohmae, Y. & Iida, O. 2003 Screening of 239 medicinal plant species for allelopathic activity using the sandwich method. *Weed Biology and Management* **3**, 233-241.

Gantar, M., Berry, J. P., Thomas, S., Wang, M., Perez, R. & Rein, K. S. 2008 Atividade alelopática de cianobactérias e microalgas isoladas de Habitats de água doce da Florida. *FEMS microbiologia ecologia* **64**, 55-64.

Gao, Y.-N., Liu, B.-Y., Xu, D., Zhou, Q.-H., Hu, C.-Y., Ge, F.-J., Zhang, L.-P. & Wu, Z.-B. 2011 Compostos fenólicos exsudados de duas macrófitas submersas de água doce e seus efeitos alelopáticos em Microcystis aeruginosa. *Jornal Polaco de Estudos Ambientais* **20**.

Geddes, C. M., Cavalieri, A., Daayf, F. & Gulden, R. H. 2013 O potencial alelopático da ervilhaca peluda, do centeio de outono e do trigo de inverno num solo argiloso siltoso. No *Departamento de Ciências Vegetais, Universidade de Manitoba, Winnipeg*

Ghayal, N. A., Biware, M. V. & Dhumal, K. N. 2014 Efeito de lixiviados de ervas daninhas exóticas na germinação de sementes, crescimento de mudas e fisiologia em mungbean. *Jornal Internacional de Agricultura e Biociências* **3**, 141-148.

Gomez-Aparicio, L. & Canham, C. D. 2008 Análises de vizinhança dos efeitos alelopáticos da árvore invasora Ailanthus altissima em florestas temperadas. *Journal of Ecology* **96**, 447-458.

Graneli, E., Weberg, M. & Salomon, P. S. 2008 Florescência de algas nocivas de espécies de microalgas alelopáticas: o papel da eutrofização. *Harmful algae* **8**, 94-102.

Han, C.-M., Pan, K.-W., Wu, N., Wang, J.-C. & Li, W. 2008 Efeito alelopático do gengibre na germinação de sementes e no crescimento de mudas de soja e cebolinha. *Scientia Horticulturae* **116**, 330-336.

Han, X., Cheng, Z., Meng, H., Yang, X. & Ahmad, I. 2013 Efeito alelopático do alho decomposto (Allium sativum L.) no caule da alface (L. sativa var. crispa L.). *Pak. J. Bot* **45**, 225-233.

Harrison, H. F. & Peterson, J. K. 1986 Efeitos alelopáticos da batata-doce (Ipomoea batatas) sobre a noz-amarela (Cyperus esculentus) e a alfafa (Medicago sativa). *Weed science* **34**, 623-627.

Hassan, M. M., Gani, M. E. A. & Abdel El Gabar, E. B. 2013 Controlo de Striga hermonthica em sorgo inoculado com pó de sementes de feno-grego (Trigonella foenum-graecum). *Jornal de Pesquisa Atual em Ciência* **1**, 583.

Heisey, R. M. 1997 Alelopatia e a vida secreta de Ailanthus altissima. *Arnoldia* **57**, 28-36.

Hierro, J. L. & Callaway, R. M. 2003 Alelopatia e invasão de plantas exóticas. *Plant and Soil* **256**, 29-39.

Holm, L. 1978 Some characteristics of weed problems in two worlds. *Actas da Sociedade Ocidental de Ciências das Plantas Daninhas* **31**, 3-12.

Holm, L. G. 1997 *World weeds: natural histories and distribution* : John Wiley & Sons.

Holm, L. G., Plucknett, D. L., Pancho, J. V. & Herberger, J. 1977 *The world's worst weeds. Distribuição e biologia* : University Press of Hawaii Honolulu, Hawaii.

Hort, A. 1916 *Enquiry into plants and minor works on odours and weather signs* : W. Heinemann.

Hunter, M. E. & Menges, E. S. 2002 Efeitos alelopáticos e distribuição radicular de Ceratiola ericoides (Empetraceae) em sete espécies de alecrim. *American Journal of Botany* **89**, 1113-1118.

Ikewuchi, C. C., Ikewuchi, J. C. & Ifeanacho, M. O. 2015 Composição fitoquímica das folhas de Tridax procumbens Linn: Potencial como alimento funcional. *Ciências da Alimentação e Nutrição* **6**, 992.

Ikewuchi, J. C. 2012a Alteração dos índices bioquímicos plasmáticos, hematológicos e oxidativos oculares de ratos diabéticos induzidos por aloxana por extrato aquoso de Tridax procumbens Linn (Asteraceae). *Revista EXCLI* **11**, 291.

Ikewuchi, J. C. 2012b Um extrato aquoso das folhas de Tridax procumbens Linn (Asteraceae) protegeu contra lesões hepáticas induzidas por tetracloreto de carbono em ratos Wistar. *The Pacific Journal of Science and Technology* **13**, 519-527.

Ikewuchi, J. C. & Ikewuchi, C. C. 2013 Moderação de índices hematológicos, eletrólitos plasmáticos e marcadores da função hepato-renal em ratos subcrônicos carregados de sal por um extrato aquoso de folhas de Tridax procumbens Linn (Asteraceae). *Pacific Journal of Science and Technology* **14**, 362-369.

Ikewuchi, J. C., Onyeike, E. N., Uwakwe, A. A. & Ikewuchi, C. C. 2011a Efeito do extrato aquoso das folhas de Tridax procumbens Linn nos componentes da pressão sanguínea e nas taxas de pulsação de ratos subcrónicos carregados de sal. *Pacific Journal of Science and Technology* **12**, 381-389.

Ikewuchi, J. C., Onyeike, E. N., Uwakwe, A. A. & Ikewuchi, C. C. 2011b Efeitos redutores de peso e hipocolesterolémicos do extrato aquoso das folhas de Tridax procumbens Linn em ratos subcrónicos carregados de sal. *Revista Internacional de Ciências Biológicas e Químicas* **5**.

Inam, B., Hussain, F. & Bano, F. 1987 efeitos alelopáticos da erva daninha paquistanesa, X. strumarium L. *Pakistan Journal of Scientific and Industrial Research* **30**, 530-533.

Jain, A. 2012 Tridax Procumbens (L.): Uma erva daninha com imensa importância medicinal: Uma revisão. *Int J Pharma Bio Sci* **3**, 544-52.

Jain, P., Sharma, R. C., Bhattacharyya, P. & Banik, P. 2014 Efeito de   um novo suplemento orgânico
(Panchgavya) na germinação das sementes e na qualidade do solo. *Monitorização e avaliação ambiental* **186**, 1999-2011.

Javaid, A. 2007 Interacções alelopáticas em associações micorrízicas. *Allelopathy Journal* **20**, 29.

Jelenic, B. 1987 Alelopatia e aleloquímicos de agrostemma githago como base teórica para a produção e utilização de agrostemin como bioregulador natural do crescimento das plantas. *Agrostemin International Scientific Centre of Fertilizers*, 13-26.

Jones, H. L. 1995 Capacidade alelopática de várias plantas aquáticas para inibir o crescimento de Hydrilla verticillata (Lf) Royle e Myriophyllum spicatum L: ARMY ENGINEER WATERWAYS EXPERIMENT STATION VICKSBURG MS.

Jude, C. I., Catherine, C. I. & Ngozi, M. I. 2009 Perfil químico de Tridax procumbens Linn. *Jornal de Nutrição do Paquistão* **8**, 548-550.

Kalegari, M., Miguel, M. D., Philippsen, A. F., Dias, J. d. F. t. G., Zanin, S. M. W., Lima, C. P. d. & Miguel, O. G. 2012 Atividade antibacteriana, alelopática e antioxidante de extratos e compostos de Rourea induta Planch.(Connaraceae).

Kato-Noguchi, H. & Ino, T. 2005 Concentração e nível de libertação de momilactona B nas plântulas de oito cultivares de arroz. *Journal of Plant Physiology* **162**, 965-969.

Kayode, J. & Ayeni, J. 2009 Efeitos alelopáticos de alguns resíduos de culturas na germinação e crescimento do milho (Zea mays L.). *Pacific Journal of Science and Technology* **10**, 345-349.

Kil, B.-S. & Yun, K. W. 1992 Efeitos alelopáticos de extractos de água de Artemisia princeps var. orientalis em espécies de plantas seleccionadas.

Journal of chemical ecology **18**, 39-51.

Kohli, R. K., Rani, D. & Verma, R. C. 1993 Um modelo matemático para prever a resposta dos tecidos à partenina - um aleloquímico. *Biologia plantarum* **35**, 567-576.

Koopmann, R. 2005 Tese de doutoramento: Efeitos alelopáticos dos fenóis da casca em líquenes epífitos: Universidade de Bona.

Kremer, R. J. & Ben-Hammouda, M. 2009 Allelopathic Plants. 19. Cevada (Hordeum vulgare L). *Allelopathy Journal* **24**.

Lam, Y., Sze, C. W., Tong, Y., Ng, T. B., Tang, S. C. W., Ho, J. C. M., Xiang, Q., Lin, X. & Zhang, Y. 2012 Investigação sobre o potencial alelopático do trigo. *Ciências Agrárias* **3**, 979.

Last, J. M. 1993 Global change: ozone depletion, greenhouse warming, and public health. *Revisão anual da saúde pública* **14**, 115-136.

Li, Z.-H., Wang, Q., Ruan, X., Pan, C.-D. & Jiang, D.-A. 2010 Fenólicos e alelopatia vegetal. *Molecules* **15**, 8933-8952.

Lisanework, N. & Michelsen, A. 1993 Alelopatia em sistemas agroflorestais: os efeitos de extractos de folhas de Cupressus lusitanica e três Eucalyptus spp. em quatro culturas etíopes. *Agroforestry Systems* **21**, 6374.

Maharjan, S., Shrestha, B. B. & Jha, P. K. 2007 Efeitos alelopáticos do extrato aquoso de folhas de Parthenium hysterophorus L. na germinação de sementes e crescimento de plântulas de algumas espécies herbáceas cultivadas e selvagens. *Mundo Científico* **5**, 33-39.

Mawal, S. S., Shahnawaz, M., Sangale, M. K. & Ade, A. B. 2015 Avaliação do potencial alelopático das raízes de Parthenium hysterophorus L. em algumas culturas seleccionadas. *Revista Internacional de Investigação Científica em Conhecimento* **3**, 0145-0152.

May, F. E. & Ash, J. E. 1990 An assessment of the potencial alelopático do eucalipto. *Australian Journal of Botany* **38**, 245-254.

Mecina, G. F., Santos, V. H. M., Andrade, A. R., Dokkedal, A. L., Saldanha, L. L., Silva, L. P. & Silva, R. M. G. 2016 Fitotoxicidade de Tridax procumbens L. *South African Journal of Botany* **102**, 130-136.

Mersie, W. & Singh, M. 1987a Efeito alelopático de lantana em algumas culturas agronómicas e ervas daninhas. *Plant and Soil* **98**, 25-30.

Mersie, W. & Singh, M. 1987b Efeito alelopático do extrato e do resíduo de Parthenium (Parthenium hysterophorus L.) em algumas culturas agronómicas e ervas daninhas. *Jornal de ecologia química* **13**, 1739-1747.

Moussavi-Nik, S. M. 2011 Bijeh keshavarzi MH, Ali Bakhtiari Gharibdosti AB (2011) Efeito de extractos aquosos de Artemisia annua alelopática na germinação e crescimento inicial de Isabgol (Plantago ovate). *Ann Biol Res* **2**, 687-691.

Mukerji, K. G. 2006 *Allelochemicals: biological control of plant pathogens and diseases*: Springer Science & Business Media.

Muller, C. H. 1966 The role of chemical inhibition (allelopathy) in vegetational composition. *Boletim do Clube Botânico de Torrey*, 332-351.
Munir, A. T. & Tawaha, A. R. M. 2002 Efeitos inibitórios de extractos aquosos de mostarda preta na germinação e crescimento de lentilhas. *Pakistan Journal of Agronomy* **1**, 28-30.
Musyimi, D. M., Okelo, L. O., Okello, V. S. & Sikuku, P. 2015 Potencial alelopático do girassol mexicano [tithonia diversifolia (hemsl) a. Gray] na germinação e crescimento de plântulas de feijão-frade (vigna sinensis l.). *Scientia* **12**, 149-155.
Narayan, S. P., Deepak, K. J., Hemant, N., Arti, P. & Chandel, H. S. 2011 Avaliação da atividade analgésica e antipirética do extrato de folhas de Tridax procumbens. *RGUHS Journal of Pharmaceutical Sciences* **1**.
Nasrine, N., El-Darier, S. N. & El-Taher, H. M. 2011 Efeito alelopático de algumas plantas medicinais e suas potenciais utilizações como controlo de ervas daninhas. Na *Conferência Internacional sobre Biologia, Ambiente e Química, IPCBEE*, vol. 24, pp. 15-22.
Nath, S., Yumnam, P. & Deb, B. 2016 Efeito alelopático de partes de plantas de limão na germinação e crescimento de mudas de Alface e couve. *International Journal of Plant Biology & Research* **4**, 1054.
Nayek, A. 2014a Investigação sobre o potencial alelopático de eucalyptus globulus labill e pathenium hysterophorus L. No *Departamento de Botânica*, vol. Ph. D.: A Universidade de Burdwan, Burdwan Bengala Ocidental.
Nayek, A. 2014b Investigação sobre o potencial alelopático de eucalyptus globulus labill e pathenium hysterophorus L. In *Departamento de Botânica*, vol. Ph. D. . Burdwan: University ofBurdwan.
Nekonam, M. S., Razmjoo, J., Sharifnabi, B. & Karimmojeni, H. 2013 Avaliação de plantas alelopáticas quanto ao seu potencial herbicida contra a trepadeira do campo ('Convolvulus arvensis'). *Australian Journal of Crop Science* **7**, 1654.
Nilson, E. & Orcutt, D. 2002 *Physiology of plants under stress* : John Wiley and Sons Inc., New York.
Nwokeocha, O. W. & Ezumah, B. S. 2014 Efeito das folhas de cajueiro e extractos de casca de caule na germinação do milho. *Jornal Internacional de Ciência das Plantas e do Solo* **4**, 494-498.
Oke, S. O., Awowoyin, A. V., Oseni, S. R. & Adediwura, E. L. 2011 Efeitos do extrato aquoso de rebentos de Tithonia diversifolia no crescimento de plântulas de Monodora tenuifolia (Benth.), Dialium guineense (Willd.) e Hildegardia barteri (Mast.) Kosterm. *Notulae Scientia Biologicae* **3**, 64.
Oliveira, A. K. d., Coelho, M. d. F. B., Maia, S. S. S. & Diógenes, F. E. P. 2012 Atividade alelopática de extratos de diferentes órgãos de Caesalpinia ferrea sobre a germinação de alface. *Ciencia Rural* **42**, 13971403.

Olofsdotter, M. 1998 *Alelopatia no arroz*: Int. Rice Res. Inst.

Olofsdotter, M., Navarez, D. & Moody, K. 1995 Allelopathic potential in rice (Oryza sativa L.) germplasm. *Annals of Applied Biology* **127**, 543560.

Olofsdotter, M., Navarez, D., Rebulanan, M. & Streibig, J. C. 1999 Cultivares de arroz que suprimem as infestantes - a alelopatia desempenha um papel? *Weed Research-Oxford* **39**, 441-454.

Pacanoski, Z., Velkoska, V., Stefan Tyr & Tomas-Veres. 2014 Potencial alelopático de Jimsonweed (Datura stramonium L.) no crescimento inicial do milho (Zea mays L.) e girassol (Helianthus annuus L.). *Jornal da Agricultura da Europa Central* **15**, 198208.

Pandey, A. & Tripathi, S. 2014 Uma revisão sobre farmacognosia, préfitoquímica e análise farmacológica de Tridax procumbens. *PharmaTutor* **2**, 78-86.

Pareek, H., Sharma, S., Khajja, B. S., Jain, K. & Jain, G. C. 2009 Avaliação do potencial hipoglicémico e anti-hiperglicémico de Tridax procumbens (Linn.). *BMC complementary and alternative medicine* **9**, 48.

Parthapratim, M., Bhakat, R. K. & Alok, B. 2013 Potencial alelopático de uma erva daninha nociva no feijão mungo. *Comunicações em Ciências Vegetais* **3**, 31-35.

Perez-Corona, M. E., De Las Heras, P. & De Aldana, B. R. V. 2013 Potencial alelopático da invasora Ulmus pumila em espécies de plantas de sub-bosque. *Allelopathy Journal 32,* 101.

Perez, F. J. 1990 Efeito alelopático de ácidos hidroxâmicos de cereais em Avena sativa e A. fatua. *Phytochemistry* **29**, 773-776.

Petchi, R. R., Vijaya, C. & Parasuraman, S. 2013 Atividade antiartrítica do extrato etanólico de Tridax procumbens (Linn.) em ratos Sprague Dawley. *Pesquisa em Farmacognosia* **5**, 113.

Pisula, N. L. & Meiners, S. J. 2010 Potencial alelopático relativo de espécies de plantas invasoras numa floresta jovem perturbada. *The Journal of the Torrey Botanical Society* **137**, 81-87.

Poornima, S., Ashalatha, K. L., Namratha, K. S. & Priyadarshini, N. 2014 Avaliação do potencial alelopático de uma erva daninha desagradável Hyptis suaveolens (L.) Piot na germinação de sementes de culturas - Triticum aestivum L. e Eleusine coracana Gaerth. *Indian Journal of Fundamental and Applied Life Sciences* **5**, 303-311.

Prabhu, V. V., Nalini, G., Chidambaranathan, N. & Kisan, N. S. 2011 Avaliação da atividade anti inflamatória e analgésica de Tridax procumbens Linn contra modelos de dor induzidos por formalina, ácido acético e CFA. *Revista Internacional de Farmácia e Ciências Farmacológicas 3,* 126-130.

Putnam, A. R. & Duke, W. B. 1974 Biological suppression of weeds: evidence for allelopathy in accessions of cucumber. *Science* **185**, 370-372.

Putnam, A. R. & Duke, W. B. 1978 Allelopathy in agroecosystems. *Annual Review of Phytopathology* **16**, 431-451.

Qin, B., Lau, J. A., Kopshever, J., Callaway, R. M., McGray, H., Perry, L.

G., Weir, T. L., Paschke, M. W., Hierro, J. L. & Yoder, J. 2007 Não há provas de alelopatia mediada pela raiz em Centaurea solstitialis, uma espécie de um género geralmente alelopático. *Biological Invasions* **9**, 897-907.

Qin, C., Nagai, M., Hagins, W. & Hobbs, R. 2011 Os efeitos alelopáticos de nozes contendo juglone. *O Jornal de Ciências Secundárias Experimentais* **1**.

Ravikumar, V., Shivashangari, K. S. & Devaki, T. 2005 Atividade hepatoprotectora de Tridax procumbens contra a hepatite induzida por d-galactosamina/lipopolissacarídeo em ratos. *Journal of Ethnopharmacology* **101**, 55-60.

Rawat, D. S. 2015 Avaliação alelopática de Ageratum conyzoides L. na mostarda em Shivalik Hills, Himachal Pradesh Índia. *Ind. J. Sci. Res. and Tech* **3**, 1-4.

Rice, E. L. (ed.) 1984 *Allelopathy*: Academic Press, Nova Iorque.

Rice, E. L. 1985 Allelopathya - an overview. Em *Chemically Mediated Interactions between Plants and Other Organisms*, pp. 81-105: Springer.

Rizvi, S. M. D., Zeeshan, M., Khan, S., Biswas, D., Al-Sagair, O. A. & Arif, J. M. 2011 Avaliação e distribuição do potencial antibacteriano nas partes aéreas de Tridax procumbens selvagem. *Jornal de Investigação Química e Farmacêutica* **3**, 80-87.

Rua, M. A., Nijjer, S., Johnson, A., Rogers, W. E. & Siemann, E. 2008 Abordagens experimentais para testar a alelopatia: Um estudo de caso utilizando a invasora Sapium sebiferum. *Allelopathy JU,* 1-13.

Safari, H., Tavili, A. & Saberi, M. 2010 Efeitos alelopáticos de Thymus kotschyanus na germinação de sementes e crescimento inicial de Bromus tomentellus e Trifolium repens. *Frontiers of Agriculture in China* **4**, 475-480.

Saffari, M., Saffari, V. R. & Torabi-Sirchi, M. H. 2010 Efeitos de avaliação alelopática de variedades de trigo com extrato de palha no crescimento do milho. *Jornal Africano de Biotecnologia* **9**, 8154-8160.

Saharkhiz, M. J., Ashiri, F., Salehi, M. R., Ghaemghami, J. & Mohammadi, S. 2009 Potencial alelopático dos óleos essenciais de Carum copticum L., Cuminum cyminum L., Rosmarinus officinalis L. e Zataria multiflora Boiss. *Ciência e Biotecnologia de Plantas Medicinais e Aromáticas* **3**, 3235.

Sahoo, U. K., Jeeceelee, L., Vanlalhriatpuia, K., Upadhyaya, K. & Lalremruati, J. H. 2010 Efeitos alelopáticos do lixiviado de folhas de Mangifera indica L. nos parâmetros iniciais de crescimento de algumas culturas alimentares caseiras. *Revista Mundial de Ciências Aplicadas IQ,* 1438-1447.

Salahdeen, H. M., Yemitan, O. K. & Alada, A. R. A. 2004 Efeito do extrato aquoso da folha de Tridax procumbens na pressão sanguínea e frequência cardíaca em ratos. *Jornal Africano de Investigação Biomédica* **7**.

Samedani, B., Juraimi, A. S., Rafii, M. Y., Anuar, A. R., Sheikh Awadz, S.

A. & Anwar, M. P. 2013 Efeitos alelopáticos da ninhada axonopus compressus contra duas espécies de ervas daninhas e sua persistência no solo. *The Scientific World Journal* **DOI:** http://dx.doi.org/10.1155/2013/695404.

Schenk, S. U. & Werner, D. 1991 I^2 -(3-isoxazolin-5-on- 2-yl)-Alanine from Pisum: allelopathic properties and antimycotic bioassay. *Phytochemistry* **30**, 467470.

Sethuraman, A. & Sanjayan, K. P. 2013 Efeitos bio-herbicidas dos extractos de Typha angustifolia L. na germinação de sementes e no crescimento de plântulas de Vigna mungo (L) Hepper. *Int JBiosci Res* **2**, 1-6.

Shahnawaz, M., Sangale, M. K. & Ade, A. B. 2016 Produtos de degradação de polietileno à base de bactérias: Análise GC-MS e testes de toxicidade. *Environmental Science and Pollution Research* **23**, 10733-10741.

Shruthi, H. R., Hemanth Kumar, N. K. & Jagannath, S. 2014 Potencialidades alelopáticas de azadirachta Indica A. Juss. Extrato aquoso de folhas no crescimento inicial de sementes e parâmetros bioquímicos de Vigna Radiata (L.) Wilczek. *Jornal Internacional das Últimas Pesquisas em Ciência e Tecnologia* **3**, 109115.

Siddiqui, S., Bhardwaj, S., Khan, S. S. & Meghvanshi, M. K. 2009 Efeito alelopático de diferentes concentrações de extrato de água da folha de Prosopsis juliflora na germinação de sementes e no comprimento da radícula do trigo (Triticum aestivum Var-Lok-1). *Jornal Americano-Eurasiático de Investigação Científica* **4**, 81-84.

Singh, H. P., Kohli, R. K., Batish, D. R. & Kaushal, P. S. 1999 Allelopathy of gymnospermous trees. *Journal of Forest Research* **4**, 245-254.

Soerjani, M., Kostermans, A. J. G. H. & Tjitrosoepomo, G. 1987 *Weeds of rice in Indonesia*: Balai Pustaka.

Srivastava, J., Raghava, N. & Raghava, R. P. 2011 Potencial alelopático do parthenium para reduzir a absorção de água na germinação de sementes de feijão-frade. *Jornal Indiano de Investigação Científica* **2**, 59.

Stamp, N. 2003 Out of the quagmire of plant defense hypotheses (Fora do pântano das hipóteses de defesa das plantas). *The Quarterly Review of Biology* **78**, 23-55.

Steinsiek, J. W., Oliver, L. R. & Collins, F. C. 1982 Potencial alelopático da palha de trigo (Triticum aestivum) sobre espécies seleccionadas de infestantes. *Ciência das ervas daninhas* **30**, 495-497.

Suntia Roa, N. B. & Singh, S. 2015 Efeitos alelopáticos de Hyptis suaveolens L. no crescimento e metabolismo de mudas de ervilha. *Scientia* **12**, 171-176.

Tantiado, R. G. & Saylo, M. C. 2012 Potencial alelopático de gramíneas selecionadas (Família Poaceae) sobre a germinação de sementes de alface (Lactuca sativa). *International Journal of Bio-Science and BioTechnology* **4**, 27-34.

Tinnin, R. O. & Muller, C. H. 1971 The allelopathic potential of Avena fatua: influence on herb distribution. *Boletim do Clube Botânico de Torrey*, 243-250.

Turk, M. A. & Tawaha, A. M. 2003 Efeito alelopático da mostarda preta (Brassica nigra L.) na germinação e crescimento da aveia selvagem (Avena fatua L.). *Proteção das culturas* **22**, 673-677.

Vanijajiva, O. 2014 Efeito de fatores ecológicos na germinação de sementes de Tridax procumbens (Asteraceae), erva daninha alienígena. *Jornal de Pesquisa em Agricultura e Ecologia Internacional* **1**, 30-39.

Vimala, Y., Ahalavat, A. K. & Gupta, M. K. 2005 Interpretação físico-química da interação alelopática do vetiver com duas plantas de vedação que produzem óleo não comestível. *J Exp Bot* **2**, 141-150.

Visioli, G., Conti, F. D., Gardi, C. & Menta, C. 2014 Bioensaios de germinação e alongamento de raízes em seis espécies vegetais diferentes para testar a contaminação por Ni
no solo. *Boletim de contaminação ambiental e toxicologia* **92**, 490-496.

Weir, T. L., Park, S.-W. & Vivanco, J. M. 2004 Mecanismos bioquímicos e fisiológicos mediados por aleloquímicos. *Current opinion in plant biology* **7**, 472-479.

Weston, L. A. 1996 Utilização da alelopatia para a gestão de ervas daninhas em agroecossistemas. *Agronomy Journal* **88**, 860-866.

White, R. H., Worsham, A. D. & Blum, U. 1989 Potencial alelopático de resíduos de leguminosas e extractos aquosos. *Ciência das infestantes* **37**, 674-679.

Willis, R. J. 2000 Juglans spp., juglone and allelopathy. *Allelopathy J* **7**, 1-55.

Willis, R. J. 2007 *The history of allelopathy*: Springer Science & Business Media.

Wojcik-Wojtkowiak, D., Politycka, B., Schneider, M. & Perkowski, J. 1990 Substâncias fenólicas como agentes alelopáticos que surgem durante a degradação dos tecidos do centeio (Secale cereale). *Plant and Soil* **124**, 143-147.

Wu, H., Pratley, J., Lemerle, D. & Haig, T. 2000 Rastreio laboratorial do potencial alelopático de acessos de trigo (Triticum aestivum) contra azevém anual (Lolium rigidum). *Australian Journal of Agricultural Research* **51**, 259-266.

Xuan, T. D. 2004 Plantas alelopáticas: trigo mourisco (Fagopyrum spp.). *Allelopathy J.* **13**, 137-148.

Xuan, T. D., Eiji, T., Shinkichi, T. & Khanh, T. D. 2004 Métodos para determinar o potencial alelopático das plantas cultivadas para o controlo de ervas daninhas. *Allelopathy Journal* **13**, 149-164.

Yeasmin, R., Kalemelawa, F., Motoki, S., Matsumoto, H., Nakamatsu, K., Yamamoto, S. & Nishihara, E. 2015 Alteração de resíduos de raízes na alelopatia varietal e autotoxicidade de espargos replantados (Asparagus officinalis L.). *Exp Agric Hortic* **2**, 3144.

Yoga Jr, L. L., Darah, I., Sasidharan, S. & Jain, K. 2009 Atividade antimicrobiana de Emilia sonchifolia DC., Tridax procumbens L. e Vernonia cinerea L. da família Asteracea: Potencial como conservantes alimentares. *Jornal de nutrição da Malásia* **15**, 223-231.

Yuan, Y., Wang, B., Zhang, S., Tang, J., Tu, C., Hu, S., Yong, J. W. H. & Chen, X. 2012 Melhoria da alelopatia e da capacidade competitiva da planta invasora Solidago canadensis na sua área de introdução. *Journal of Plant Ecology* **6**, 253-263.

yes

I want morebooks!

Buy your books fast and straightforward online - at one of world's fastest growing online book stores! Environmentally sound due to Print-on-Demand technologies.

Buy your books online at
www.morebooks.shop

Compre os seus livros mais rápido e diretamente na internet, em uma das livrarias on-line com o maior crescimento no mundo! Produção que protege o meio ambiente através das tecnologias de impressão sob demanda.

Compre os seus livros on-line em
www.morebooks.shop

Printed by Books on Demand GmbH, Norderstedt / Germany